设计的魔力
心理美学带来的商业奇迹

Predictable Magic
Unleash the Power of Design Strategy to Transform Your Business

迪帕·普拉哈拉德(Deepa Prahalad)
拉维·索奈（Ravi Sawhney） 著

刘倩倩 韩芳 胡楚翘 何云朝 译

中国人民大学出版社
·北京·

谨以此书献给我的父母，他们教会我以悲悯的情怀和不懈的毅力去提出问题并寻找答案。

——迪帕·普拉哈拉德（Deepa Prahalad）

谨以此书献给我的父母，他们的一言一行使我懂得了为人正直与关爱他人的必要性。

——拉维·索奈（Ravi Sawhney）

前　言

为什么研究心理美学？

　　心理美学是RKS公司推出的在消费者和产品之间建立情感联系的工具，用途涵盖理论研究、策略设计、项目实施和客户体验等领域。设计出吸引消费者的产品可以激发购买欲望，建立情感纽带，帮助企业成为行业中的领先者。无论你是商业精英、策略家，还是创新者或设计师，心理美学都能够帮助你达成目标。

　　为了理解这种思维方式的本质，我们需要从我们得以生存的基本要素，到对于良好的自我感觉和自我肯定的需求等方面，思考人性到底意味着什么。当温饱需求得到满足，人类便开始打扮自己、装饰自己周围的环境，寻求更好的发展，这种对发展需求的满足成为了消费主义的根源。

　　当今不比往昔，目标不能只是设计出一个更大、更好看或者更精巧的物件。由于世界各地的消费者已逐渐演变成为设计和客户体验的批评家，所以当今的产品设计、服务和客户体验绝不能仅仅停留在满足人类的基本需求上，设计、服务和客户体验这三者之间必须建立情感联系。通过领会人类心灵精髓的含义及其对消费主义的重要意义，我们可以建立这样的联系，设计出让消费者惊呼甚至愿意与亲朋好友分享喜悦的产品。当我们成功建立起设计与消费者之间的情感纽带，魔力就会出现。

　　心理美学能够以视觉形式帮助企业迎接这些挑战，为企业提供阶段性的方法论以帮助了解消费者偏好、竞争产品和品牌价值。当这些要素清晰地呈现出来时，就很容易判断出哪些用户的需求未能得到满足。这个时候再开始研究对策，着手设计并付诸实施，便可以吸引消费者的眼球，顺利建立起实质性的强烈情感纽带，让客户对品牌忠贞不渝。

致 谢

这本书的问世得到了许多人的帮助，他们提出了宝贵的意见，付出了大量的精力，给予了充分的鼓励，在此对他们表示衷心的感谢。没有大家的帮助，这本书就不会问世，书的内容也不会像现在这么丰富。

英国培生（Pearson）出版集团的珍妮·葛莱瑟（Jeanne Glasser）、史蒂夫·考伯林（Steve Kobrin）和蒂姆·摩尔（Tim Moore）等编辑耐心地指导我们两位新人完成了书稿写作和出版等事宜。写这本书时我们采访了许多人，他们提供的真知灼见让我们受益匪浅。在此要特别感谢 Amana 公司的约翰·海灵顿（John Herrington，现任职于韩国 LG 集团）、Discus Dental 牙科机构的罗伯特·海曼（Robert Hayman）、JBL 音响公司的西蒙·琼斯（Simon Jones，现任职于 Line 6）、KOR Water 公司的埃里克·巴恩斯（Eric Barnes）和保罗·沙斯塔克（Paul Shustak）、RKS 吉他公司的戴夫·梅森（Dave Mason）、Zyliss 公司的哈迪·斯坦曼（Hardy Steinman）、Vestalife 公司的韦恩·路德卢姆（Wayne Ludlum）以及 Pure Digital 公司的西蒙·弗莱明-伍德（Simon Fleming-Wood），他们为本书提供了许多有价值的内容。另外，与鲍伯·德意志（Bob Deutsch）博士、切普·伍德（Chip Wood）博士、汤姆·马塔诺（Tom Matano）、戴尔·延森（Dale Jensen）及弗兰克·泰尼斯基（Frank Tyneski）的谈话也给了我们不少关于商业设计的启示。

RKS 设计公司的所有成员都为本书的出版付出了劳动，书中列举的案例都是 RKS 团队智慧与汗水的结晶，所以光说"感谢"两个字是远远不够的。多年来，RKS 的设计人员为公司积累了丰厚的底蕴，获奖作品层出不穷，为客户带来了实实在在的好处。兰斯·荷塞（Lance Hussey）、克里斯·格鲁普克（Chris Glupker）和库尔特·波特塞（Kurt Botsai）作为 RKS 的前辈，几乎参与了 RKS 早期的所有设计项目，他们推动了心理美学实践的形成和发展。基于共同的设计理念，RKS 团队成员在项目中不断成长，共同进步。在本书的写作过程中，我们求助了许多人，每个人所给予的帮助都比我们请求的要多。巴勃·马金托什（Barb Mackintosh）和克伦·凯利（Karen Kelly）对本书的各个版本都提出了中肯的见解和评论。崔浩镇（Hojin Choi）设计了封面和版式。哈尼什·贾尼（Harnish Jani）、利亚·托马斯（Leah Thomas）以及埃里克·莱（Eric Lai）等设计师为本书提供了许多案例，使书中的论述更加贴近实际。书名《设计的魔力》是根据以前一个同事汤姆·怀特（Tom White）的一句话改写的。另外，与兰斯·荷塞、哈尼什·贾尼、英格瓦德·史密斯-吉兰德（Ingvald Smith-Kielland）的谈话也为本书增色不少。

设计是一门跨学科的学问，在工作之余需要长期、大量的积累。亚伯拉罕·马斯洛（Abraham Maslow）的著作构成了心理美学的理论基础，他对人类行为动机的深刻领悟为我们的设计带来了无限的灵感。随着设计行业的发展和成熟，与消费者的沟通变得越来越重要。哲学家约瑟夫·坎贝尔（Joseph Campbell）的理论帮助我们揭开了与他人沟通的秘密，使我们与客户之间建立了顺畅、有效的沟通机制。我们坚持认为设计不仅涉及美学问题，更涉及商业运作，所以本书中还蕴含着众多优秀企业战略家的经典学说，包括彼得·德鲁克（Peter Drucker）、C. K. 普拉哈拉德（C. K. Prahalad）、盖里·哈默尔（Gary Hamel）、迈克尔·波特（Michael Porter）、金伟灿（W. Chan Kim）、勒妮·莫博涅（Renée Mauborgne）以及伊夫·多兹（Yves Doz）等人的理论。

从事设计行业是一件令人兴奋的事情。相关从业人员已经将设计的应用范围拓展到了无限广阔的领域，他们在实践中不断优化设计方法。在这个过程中，美国工业设计师协会（IDSA）为设计从业人员提供了强有力的支持。在人才济济的设计行业里，设计人员各显其能，不拘一格，许多小公司把无数大公司和企业家的想法和理念变成了现实。我们从小公司的设计案例中获得了大量的灵感，所以希望这本书能够对他们的创造性工作有所帮助。

我们不是在理论层面讨论设计与商业有效合作的潜力，我们与商学院的合作给我们自己的商业活动带来了明显的收益。在此要特别感谢拉吉卜·阿德赫卡利（Rijib Adhikary）和艾利·奥菲克（Elie Ofek），他们为我们与哈佛商学院牵线搭桥，让哈佛商学院做了 RKS 吉他公司和心理美学的案例分析。哈佛大学、南加州大学、加州大学洛杉矶分校、佩珀代因大学等高校的商学院还定期邀请我们做设计方法方面的讲座。这里还要提一下 RKS 吉他公司的设计团队和我的搭档戴夫·梅森。*Fast Company* 杂志的琳达·蒂施勒（Linda Tischler）慷慨地为我们发布博文，让众多商业人士看到了我们的案例。

当然，家人、朋友和导师的支持最为重要，他们不断鼓励我们向新的领域扩展、向新的台阶迈进，正是父母、爱人、孩子和兄弟姐妹对我们的鼓励才使我们的工作有了意义。在职业道路上，我们遇到了很多引路人和导师，有了他们的指导，我们才形成了现在的世界观。

迪帕·普拉哈拉德

我父母（C.K. 普拉哈拉德和嘉亚特里·普拉哈拉德（Gayatri Prahalad））一直是我最大的支持者和鼓励者。他们信任我，耐心地听我讲述关于设计的事情，有时还跟我讨论。我兄弟一家人经常鼓励我，我们家族分布在全球各地的亲戚也经常问候我。我的丈夫和儿子表现出了极大的耐心和幽默感，为了我能把时间和精力都用在工作上，他们做出了许多牺牲。他们默默的奉献与鼓励使我能够坚持到最后。

在密歇根大学读书时，我有幸师从李侃如（Ken Lieberthal）、琳达·里姆（Linda Lim）、杰夫·温特斯（Jeff Winters）以及普拉迪普·奇伯（Pradeep Chhibber）等知名教授，他们告诉我如何认知复杂事物中的不确定因素，并培养了我对权威答案持理性怀疑的态度。在塔克商学院（Tuck School of Business），我得到了维贾伊·戈文达拉扬（Vigay Govindarajan）、西尼·芬克尔斯坦（Sidney Finkelstein）和理查德·德文尼（Richard D'Aveni）等教授的真传。在职业道路上，新加坡的嘉吉（Cargill）公司和圣迭戈的 Safe-Med 公司为我打开了认知真实世界的窗口。

拉维·索奈

我妻子阿玛莉亚（Amalia）始终信任我、支持我、鼓励我。我的父母、兄弟姐妹、女儿和女婿们都对我倾注了极大的热情，他们分享着我的兴奋与喜悦。

多年以前，在我要放弃工业设计专业的时候，我的导师迪克·布鲁顿（Dick Bruton）一直鼓励我沿着这条路走下去。勒罗伊·彼得森（Leroy Petersen）的制陶技艺告诉我如何将形式与功能结合在一起。我 12 岁时认识的老师霍利斯·基伦（Hollis Killen），40 年来一直是我的好朋友，我很怀念他，是他为我开启了通向工业设计的大门。苏尼尔·德尔（Sunil Dhir）第一个鼓励我创建 RKS 公司。多年来，苏尼尔·德尔和丹尼尔·弗兰克（Daniel Frank）一直是我信任的良师益友。

美国计算机科学家艾伦·凯伊（Alan Kay）对平板电脑的贡献改变了整个世界，他的创造仍然鼓舞着我。70 年代末在施乐公司工作时，我将他的一些理念融入了第一个触屏界面的开发，对此我感到万分荣幸。正是我在那里获得的工作经验让我开始深入研究用户心理和反应，并最终写出了本书。

通过与亲人、朋友和同事的交往，我们懂得了情感的重要性。我很了解情感联系的作用和价值，深知情感可以成就产品、品牌和企业，甚至可以改变人们的生活方式。

迪帕·普拉哈拉德
拉维·索奈
于加州千橡市
2009 年 12 月

目 录

简介 …………………………………………………… 1
    个人意愿最重要 …………………………………… 1
    商业模式 …………………………………………… 3
    创新和设计没那么难 ……………………………… 4
    关于本书 …………………………………………… 4

第一部分 设计战略的制定

第 1 章 奠定成功的基础 ………………………… 9
    设计出无形的理念 ………………………………… 9
    竞争新法则 ………………………………………… 10
    设计的新视角 ……………………………………… 11
    设计面临的主要困难 ……………………………… 12
    心理美学：通向创新与设计的综合途径 ………… 13
    情感与行为的重要性 ……………………………… 14

第 2 章 搭建对话平台 …………………………… 19
    更大的团队以及促成团队合作的新方法 ………… 20
    为什么没能水到渠成？ …………………………… 20
    形成合力的关键因素 ……………………………… 21
    Amana 的华丽转身 ………………………………… 24
    消费者测试 ………………………………………… 26
    建立自信，走向成功 ……………………………… 27
    继续向前 …………………………………………… 28
    建立对话平台 ……………………………………… 29

第3章 描绘未来 ... 31

今天来设计明天的市场 ... 34
规划消费者体验将引领发展方向 ... 35
描绘消费者情绪 ... 36
增加互动性 ... 38
描绘可能性 ... 40
了解市场 制定策略 ... 42
描绘体验与设计的力量 ... 43

第4章 为消费者赋予个性 ... 45

重新设计一种形象 ... 45
角色——消费者的面具 ... 46
以用户为中心充分发挥角色作用 ... 47
角色的内涵 ... 49
角色发展的产物 ... 50
利用角色指导设计 ... 51
角色映射 ... 53
画龙点睛的手柄 ... 55
新的尝试 ... 57

第5章 把握机遇 ... 61

起家之后的挑战 ... 61
赢得市场的战略 ... 67
善于发现机遇才能抓住机遇 ... 67
发现机遇 ... 70
选择合适的机遇 ... 72
真正的力量 ... 74

第一部分结论 ... 77

Amana公司 ... 79
Flip便携式摄像机 ... 79

目 录

    JBL 公司 ·· 80

    Vestalife 公司 ·· 81

第二部分 设计战略的实施与消费者体验

第 6 章 完成设计过程 ·································· 85

    从吉他架到吉他 ·· 86

    搭建作战室 ·· 87

    迅速开工 ·· 89

    专家（权威使用者）的作用 ························· 90

    回到消费者 ·· 93

    经营的重要性 ··· 96

    总结经验和教训 ·· 97

    设计新的营销方法 ···································· 98

    寻找平衡点 ··· 101

第 7 章 情感参与 ··· 103

    归属的重要性 ··· 104

    英雄的旅程 ··· 107

    为什么我们仍需要英雄 ···························· 107

    英雄的塑造 ··· 110

    如何造就英雄 ··· 113

    通过创造英雄来取胜 ······························· 115

第 8 章 回馈消费者 ······································· 117

    整合 ·· 117

    绿化环境 ·· 118

    搭建对话平台 ··· 119

    描绘未来 ·· 120

    为消费者赋予个性 ·································· 121

    把握机遇 ·· 123

完成设计过程 ………………………………………… 124
情感参与 …………………………………………… 126
回馈消费者 ………………………………………… 129
第二部分结论 ……………………………………… 133
后记 ……………………………………………… 137

简　介

> 如果不能够亲身体验，再多的信息都是徒劳的。
>
> ——克劳伦斯·戴伊（Clarence Day）

这本著作是一次机缘巧合的合作的成果。虽然职业发展道路不同，但我们对以下两个问题迅速达成了共识：一是改革创新的力量，二是个人意愿的重要性。实现目标的过程对于每个人来说可能会有所区别，但思考这些典型案例中设计灵感和方针策略的形成过程，一定能够使我们从中受益。

个人意愿最重要

本书的作者之一，也是带领 RKS 公司走了 30 多年的公司创始人拉维·索奈先生以专业设计师和企业家的身份，亲身参与了多个行业的设计项目，从概念到实施都亲自操刀。随着各类项目范围、规模的发展，如何能够更有效更准确地了解消费者和市场的需求，对我们提出了更高的要求。拉维列举了上世纪 70 年代，他为正处在鼎盛时期的施乐公司设计现代触摸屏的最早期版本的例子，该案例充分说明了人的行为与设计之间以及设计与客户体验之间的联系，进而也能够帮助你更好地领会设计的价值所在。在仔细研究客户调查结果后，拉维的结论是大多数产品（无论是技术类还是其他类）最终难以为继并不是由于功能缺陷，而是未能成功引起客户的兴趣。

其中一部分产品的用户体验欠佳，所以好像他们没能领会设计的伟大；还有一部分产品，比如早期的触摸屏设计，吓跑了不少顾客。

为了能够有效地避免这种尴尬状况的发生，经过长期的探索研究，心理美学应运而生，这就是RKS公司首创的、通过设计建立起产品与消费者之间的情感纽带的理论体系。我们的理论体系以人为本，把人的意愿和喜好作为制定产品策略和产品设计的出发点。我们的目标是通过跟踪客户体验和反馈来改善产品设计和服务，而不是单纯地开发新功能。实验证明，衡量一个产品成功与否的标准在于它的设计是否能够真正帮助客户，并且给他们留下深刻的印象。

对于本书的另一位作者迪帕·普拉哈拉德而言，其商业策略和创新思路并不应仅仅归功于商学院的教育和从业经验，还跟她父亲的影响有着千丝万缕的联系。普拉哈拉德的父亲C. K. 普拉哈拉德先生是密歇根大学商学院的教授，这使得普拉哈拉德经常有机会旁观，甚至亲身参与工商管理硕士、公司老总和学者之间的激烈讨论。这期间她获得的灵感、思路和图解最终都得以市场化，被植入产品和服务中，产生了巨大的经济效益。产业应通过为人们创造机会和价值切实改善个人的生活水平而产生无形的影响，这样的观点越来越多地得到认可。职业经理人、消费者和公司的意愿，已经成为策略制定和改革创新的驱动力。

虽说普拉哈拉德后来选择了政治和经济学作为主修课程，但父亲提供的"自学课程"还是对她产生了极大的影响。当她还在读高中的时候，世界经历了柏林墙倒塌等重大事件；当她正在紧张备考大二冷战政治的期末考试时，传来了轰动一时的苏联解体的消息；而当她得到真正意义上的第一份工作（在新加坡）时，当时大多数公司都在制定相关策略，研究如何进入刚刚市场化的印度和中国。在这些新兴市场中，纵然有着价格优势，很多在西方国家广受欢迎的产品却遭到了冷遇。虽然人们正渴望着改变，但他们还是与自己的文化和信仰保持着难以割舍的联系。在这些地方，个人的喜好和意愿也在产生越来越大的作用。

商业模式

当今的商业发展必须满足消费者与日俱增的欲望。我们写这本书的目的是希望，我们所介绍的方法能够帮助那些正在从事设计或类似工作的人转变认识，走上将自身发展与客户需求相结合的道路，以实现公司的持续发展。即使是执行经理人，也会在认识到自己的工作对周围环境产生积极影响后感到欢欣鼓舞。我们希望这样的良性循环能够帮助你在创业初期战胜负面情绪，并尽快找到解决问题的办法。

本书会向你介绍心理美学发展过程中的几个典型案例。我们坚信，单从改革创新的可能性而言，仅有两个人的新公司和涉足领域广泛的大型公司没有任何区别。我们选择的案例涉及各行各业，都是我们自己的亲身经历。当然，这并不意味着我们不认可其他设计公司和创新企业的杰出成就。选用这些案例只是由于我们亲身参与过，能够通过展示真实的、具体的细节，让你和你的团队在碰到类似情况时能够更好地应对。

另外，虽说我们一直在强调情感联系的重要性，但对基础数据的研究没有任何忽视或蔑视的意思。我们认为要想优化公司结构和经营模式以求得长足发展，必须牢牢抓住消费者的心，同时财务数据分析也同等重要。幸运的是，这些工具的使用方法对于设计师或者执行经理人来说应该不难理解，因而对于大多数公司而言，我们介绍的方法简单易懂，好用好学。

多伦多大学商学院院长罗杰·马丁（Roger Martin）是设计的坚决拥护者，他曾预言："策略家不能只停留在深入理解设计师的水平。在未来，策略家都会成为设计师。"我们将展示，在初期如何将消费者情感具体化并与客户体验相联系，以此来推动设计的前进，并在此过程中尽量保持准确，建立可持续发展的公司商业经营模式。

如今，心理美学的意义早已超越产品设计本身，也让商业发展有了质的飞跃。这是本书的书名之所以为《设计的魔力》的一大重要原因——心理美学不仅使商业模式得到可预知的神奇发展，也让我们更加期待设计和品牌战略在未来将给我们带来的成功的喜悦。

创新和设计没那么难

本书将与你分享基于心理美学理论体系和方法论的几个设计案例，内容涉及各行各业。首先，我们将回答几个关于设计的基本问题：如何引入设计？如何确认找到了正确的解决方案？如何让设计和商业策略相辅相成？随后，我们将帮助你把对这些问题的理解转变为具体的产品和服务，你将能够：

- 学习如何使用心理美学方法论来规划现有的产品、客户和销售渠道，并在此基础上寻找创新机会。
- 学习如何识别让你与客户建立情感纽带的设计的基本特质。
- 通过领会客户需求来安排合理的设计优先次序。
- 通过鲜活的案例学习如何实现公司的可持续发展，这其中既有世界500强企业，也有刚起步的小公司。
- 让各利益相关方参与到设计过程中。

现在人们已经知道，消费者更容易受到感性的、能够带来愉悦且体验丰富的产品和服务的吸引，但很少有企业会在制定策略和设计产品的初期就考虑这样的情感因素。根据我们的经验，往往是那些愿意提前考虑消费者情感因素的公司创造了更多的利润，获得了更大的品牌价值和更高的客户满意度。

关于本书

本书分为两个部分。第一部分"设计战略的制定"，主要讲如何组建创意实施团队，并列出可行计划，这是获得成功设计的基础。

简 介

我们将引出三个关于设计策略的主要问题，请你思考并回答，在此过程中，我们会指导你使用心理美学的方法论来制定计划方案。

第二部分"设计战略的实施与消费者体验"，顾名思义，主要是关于计划方案的实施，并在实施过程中考虑消费者的情感因素。在这部分中，我们将讨论如何将直觉和策略转变为具体的产品设计，并向你介绍几个立竿见影的成功案例，包括如何把设计融入现实的零售行业及电子商务领域，如何将引起共鸣的价值观传递到消费者心里。

我们会引出一些关于市场、客户和机会的基本策略问题，但将从消费者，而不是企业的角度为你解答这些问题。认识到直觉并不一定能带来预想的结果，我们通过对消费者反应的分析，让你清楚地理解这种决策逻辑。这就是我们从各行各业的案例中得到的结论——消费行为其实是一些基本的情感反应的结果，这些情感反应是可以客观分析的。通过这样的解剖方式，我们就得到了基本的思路框架。实践证明，再好的公司也需要有这样的基本工具为内部团队和外部客户服务。

要了解更多内容，欢迎访问我们的官方网站 www.predictablemagic.com。

第一部分

设计战略的制定

第1章 奠定成功的基础

设计出无形的理念

许多商品给消费者带来的体验远远超出了它们的使用价值,例如泡泡糖、泰迪熊、乐高积木、轮滑、口红以及跑车等。与这些商品关联的个人经历和体验超越了物品本身,说明产品设计已经融入到个人生活当中。当我们回首往事的时候,不免会想到一些当年给自己带来无尽欢乐的东西,当我们津津有味地向别人讲述自己经历的时候,也时常会谈到那些过去大家共同拥有的东西,引起听者情感上的强烈共鸣。这类东西往往蕴涵着设计者的细致观察与精心策划。

然而,制造出这样的产品效果并不简单。如今,许多企业都很关注消费者到底想要什么样的产品,在这方面的投入也都不小。尽管如此,大多数新产品都没能抓住消费者的心思,看似"满意"的消费者其实一点都不忠诚。如果不给消费者和产品扎上情感的纽带,就谈不上品牌忠诚度,消费者就很容易流失。在越来越多的消费者选择其他品牌、越来越多的企业遭受损失的情况下,设计需要发挥决定性的作用。市场上的一些热销产品(如 iPod)和全新概念有力地证明了设计的魔力,它既能激发大众的想象力,又能为商家带来丰厚的利润。因此,许多公司都在更高层次上将设计理念融入企业文化。这是思维模式的深刻变化,但成功与否还要看企业能够在多大程度上将意识转化为战略和行动。

竞争新法则

今天，各个行业的企业都已经意识到其核心竞争力来自设计。设计的概念不再简单地局限于美学范畴，而是涵盖了消费者体验产品和品牌的所有环节。

许多企业在创新和战略上投入了大量的资源，它们请来市场调查人员、咨询顾问和大量员工来寻找机会、开发产品，但效果却不尽如人意。调查表明，70％的公司战略没有付诸实施，80％以上的新产品没有吸引住消费者的目光。在激烈的市场竞争中，只有少数产品能够脱颖而出，例如苹果产品和塔吉特百货折扣店。这些通过创新获得成功的企业不仅赢得了经济利益，而且还赢得了消费者情感上的尊重与依赖。它们成功的关键在于将公司战略与产品设计巧妙地结合在了一起，在消费者与自己提供的产品和服务之间建立起了深厚的情感纽带。

情感联系是一种神奇的魔力，可以把具有单一功能属性的物品变成一种值得品味、炫耀或寄托的东西。要达到这种效果，必须依靠精心的设计。设计可以将宏伟的商业蓝图转化为实在的经济利润。

在本书中，我们将揭开设计过程的神秘面纱，让"战略"、"设计"这些听起来有些抽象的词汇变得浅显易懂，使魔法似的设计过程简单易学，以便让读者可以轻松操作、尽快受益。"心理美学"是RKS设计公司在消费者与产品设计之间建立情感联系的创意理念，内容包括调研、战略制定与实施，以及消费者体验等方面，它可以丰富设计者的专业知识，为设计人员插上想象的翅膀，最后把梦想变成现实。简单地说，"心理美学"可以将设计过程中的"魔法"提取出来，然后再植入消费者的意识中。

站在设计前沿引导潮流的设计大师都懂得灵感与操作之间的差异，懂得如何缩小理想与现实之间的差距。在实施战略的过程中，设计发挥着越来越重要的作用。尽管创新在市场运作中存在着固有的风险，但周全的设计可以最大限度地降低这种风险。

设计的新视角

作为设计过程的研究成果，心理美学的出现曾一度受到学者的称赞，但在市场实践中却一败涂地。细心的分析家从中悟出了一个简单而深刻的道理：

> 重要的不是你对一个设计有什么样的感觉，而是这个设计能让你自己如何感觉自己。

这个与直觉相悖的精辟道理对于企业研究消费者购买行为和实施创新战略来说具有非常重要的意义。如今，单纯为了满足基本需求而实施购买行为的消费者已经很少了。在发达国家，大部分购买行为都含有娱乐和自我实现方面的需求。即使在全球40亿贫困人口中，心理层次的需求在购买决定中也起着关键的作用，从新兴市场国家手机行业的规模和增长速度便可见一斑。

纵观各行各业的成功设计案例，我们可以清楚地发现，吸引消费者注意力与最终赢得消费者青睐之间的关系神秘而又复杂。从奔驰到宝马，从香奈儿到普拉达，再从京东到淘宝，这些广受消费者好评的品牌没有一个普适的成功模式，有的以功能取胜，有的以美感见长，还有的以定价策略抢占市场。但它们也有共同点，即过硬的产品或服务质量和独特的用户体验。简单地说，这些商家让购买者得到了最想得到的东西。

当然，高端品牌所提供的产品和服务也有众多替代品，但满足消费者情感需求的功能使其与林林总总的替代品区别开来。设计的终极目标不在于让消费者喜欢某种产品，也不在于扩大公司的知名度，而是要催生一种现象，让人们非常想把自己的使用体验告诉身边的人，让使用该产品的用户形成一个群体，然后这个群体逐渐壮大，于是人们就像着了魔一样地渴望拥有这种产品。通过这种方式强化品牌忠诚度才能取得最佳效果。

设计面临的主要困难

负责战略、创新及设计的企业管理人员一般都了解在产品与用户之间建立情感纽带的重要性。他们在制造新概念或者把新想法引入市场时，可能会遇到两个方面的困难。

● 信息量过大。目前，大部分企业在处理数据和分析研究结果时都缺少有效的方法。市场调研行业的规模已经达到了190亿美元，它们提供的消费者行为分析报告和人口统计学结果汗牛充栋。但大部分消费者的购买决定是由情感因素诱发的。据专家估计，95%的购买行为都是潜意识活动的结果。

尽管企业可以从各种渠道获得数量庞大的信息，但很少能够获得有针对性的、有价值的分析结果。大部分市场调研机构都没有提及消费者购买行为中的情感因素，而情感因素恰恰是战略设计的依据。

● 缺乏密切合作。即使是一些创新思维非常活跃的企业，其战略设计团队与设计执行团队之间的配合也存在很大问题。两个团队的人员在教育背景、思维模式、方法论和理解力上存在差异，因此延误、争论、不满、妥协时有发生，导致产品的市场效果与设计初衷出入很大。企业如果能够设法解决这些问题，就有了使产品具备竞争优势的重要保障。

作为一家设计公司，RKS在信息处理和团队合作方面有着明显的优势。在过去30年中，我们与各行各业的众多公司合作过，圆满地贯彻了客户的设计意图，保证了客户利润的稳定增长，扩大了客户的品牌知名度，丰富了客户产品的消费者体验。但也有许多公司不重视产品设计。我们不仅希望交给客户一个成功的产品，更加希望为客户进行长期的品牌建设，这就要求我们与客户建立有效的合作模式，制造消费需求，促成购买行为，使客户的产品不断获得成功。

　　设计公司与客户合作时，并不需要客户在战略或组织上进行较大的调整，而且让客户做出大幅度调整既不现实，也不一定有效，尤其对于那些已经在市场上保持领先优势的公司来说更是如此。改变公司的战略路线和调整公司内部的组织架构向来也不是设计公司的业务范围。因此，设计公司引领创新的方法非常灵活，适用于各种企业文化、组织架构和财务制度。设计公司在利益相关方之间建立对话与合作，洞察消费者情感，用心理美学指导设计实践。

　　本书向那些希望引领潮流、希望革新的各行各业人士阐述了如何拓宽思路、超越头脑风暴的极限，如何让消费者对自己的产品产生强烈的心理依赖，以及如何与客户开展无障碍合作，最终实现企业和产品的成功。

心理美学：通向创新与设计的综合途径

　　设计过程面临两大难题，一是构建丰富、有效的消费者购买心理，让消费者想买、愿意买、花钱买，二是探索更加有效、更加默契的合作方式。解决这两大难题的关键就是心理美学，它可以帮助我们系统地理解消费者对产品、服务和体验的情绪反应。

　　设计出的新工具和新概念不能脱离利益相关方的需求。大部分企业还没有弄清楚精确统计和分析消费行为以及揣摩消费者购买时的心理状态应该是它们努力的方向。一般情况下，统计比猜测有效，而且得出结论的速度更快。在与大公司和大企业家的合作过程中，我们发现品牌、渠道、定价等商业决策会削弱新概念的影响力，因此，将战略与设计整合在一起就显得尤为重要。战略与设计密不可分。没有设计，战略仅仅是较好的研究结果；没有战略，设计也仅仅是个好的想法而已。

　　本书案例中涉及的客户分布很广，既包括刚刚创业的小公司，也包括在市场上屹立多年的知名企业。以这些客户为例，本书阐述了如何让情感因素贯穿整个设计过程，如何与不同行业的企业进行合作。但是，单独一项伟大的设计不会实现基业常青，不会拯救一个夕阳产业，也无法解决企业资金不足或商业模式存在缺陷的问题。实践中，许多好的设计被忽略掉了，还有一些被迅速"山寨"。因此，企业需要不断地创新才能保持领先的位置，而设计，能够预见到神奇效果的设计，可以大大增加企业获得长期成功的概率。我们知道，适当的工具能够让设计过程更加流畅，让产生的效果更加明显，让产品和服务一脉相承。当设计与战略协同发挥作用时，企业就能够创造出新的利润增长点，甚至革命性地改变业态。

心理美学这个工具非常强大，因为它能够分析出复杂的消费者心理。虽然我们可以利用现代科技收集大量的市场信息，但问题是这些数据可能会导致"分析瘫痪"，也就是说，企业无法将获得的信息转化为可以指导经营的策略。不挑食、什么都吃对健康有益，但获得各个方面的信息不见得对企业有利。因此，企业管理人员和设计人员只需要关注有意义、有作用的信息就可以了，只有对这部分信息的统计与分析才能产生无与伦比的消费体验。

情感与行为的重要性

我们以往的经验证明，预测消费者情感，并根据预测结果对产品设计进行调整，比市场调研和统计分析更有用、更可靠。将情感因素融入设计看似是一个复杂的过程，让这个过程简单化或者程序化似乎需要反复的磨合；但是在长期的实践中，我们发现纳入情感因素不仅不会使设计过程变得更加复杂，反而能够让做出决策的思路更加清晰。有了清晰的思路，我们就可以推陈出新，让公司业绩重新回到增长的轨道，帮助企业扩大市场份额，实现企业家做梦都想不到的巨大成就。

如何在实践中将情感因素融入设计过程？企业应该从哪里入手？需要什么样的资源、技术或技能？根据我们与不同客户开展业务的经验，我们将设计分为以下七个步骤：

- 搭建对话平台
- 描绘未来
- 为消费者赋予个性
- 把握机遇
- 完成设计过程
- 情感参与
- 回馈消费者

完成了上述七个步骤，企业就可以塑造消费者使用产品时的体验。

心理美学是帮助客户和设计人员进行创新的强大工具，它可以在消费者和品牌之间建立情感联系，这种联系是企业扩大市场和实现利润的基础。

情感联系是企业保持增长与繁荣的真正推动力，这个论断看似不太谨慎，但实际上有数据和案例支撑。如果客观数据得出的结论也会具有误导性，那么企业家对基于情感考虑制定重大决策表示怀疑也就没什么可惊讶的了。无论怎样，以下案例有力地证明了将情感因素融于设计理念会带来实实在在的商业效果。

- 上世纪90年代中期，美国Minimed公司推出的胰岛素泵是一项重要的科技创新成果，给众多糖尿病人带来了福音，但很多人不喜欢用，因为觉得它太大，太明显。尽管这款产品的外观设计在当时看来还算比较"潮"，但带在身上的话别人一看就知道自己是糖尿病病人。后来，Minimed公司重新设计的新款产品很薄，非常轻便，于是销售额在三年内从4 500万美元猛增到1.7亿美元。2001年，全球医疗器械巨头美敦力以30亿美元收购了Minimed。

- 美国Amana家用电器公司的产品一向以高质量著称，但从Amana家电的外观却看不出来它的质量有多好，"有失身份"。后来Amana改进了其产品外观的各个细节，以彰显其高贵的品质。虽然每台电器的成本平均增加了0.3美元，但销售价格平均上涨了100

美元。Amana 由此获得了 2 000 多万美元的年利润，最后被全美四大家电制造商之一的美泰克（Maytag）公司收购。

● 在 Brite Smile 进入牙医行业并开始攫取市场份额两年后，我们开始与 Discus Dental 合作开发"Zoom!"牙齿美白服务，整个开发过程都以心理美学作为指导思想，从注射器到美白灯，所有实物都经过了精心的设计。如今，我们设计的注射器已经获得了专利，每周能卖出 10 万多支。最终 Discus Dental 收购了 Brite Smile，占有了它的市场。

以上案例表明，只要重视设计，认识到设计的作用，就有可能取得成功。今天，企业的信誉取决于在从消费者身上获取利益的同时，是否能够给予消费者真正的价值。在日益全球化的国际市场上，虽然资金是企业运作的重要因素，但几乎看不到哪家企业是光靠砸钱做大的。企业必须理解市场和消费者的需求、愿望和偏好，运用心理美学原理将理念融入产品，才能看见实实在在的收益。

用户情感的价值和忽视用户情感的代价

尽管没有人不承认用户情感与用户体验的重要性，但还是有许多人犹豫到底要不要在这方面下功夫，因为他们觉得情感和体验都很主观，没法量化。其实，看看公司的财务报表就会知道，重视用户情感与用户体验的价值无处不在。如果在设计、生产和销售等各个环节都不考虑用户情感和体验的因素，企业势必不会取得良好的收益。

品牌的无形价值——品牌价值是企业无形资产的重要组成部分，是消费者对企业的心理感觉，主要由企业的商业信誉决定。据估计，在全球范围内，无形价值已经占到了企业总体价值的 62%。此外，许多行业已经可以对消费者生命周期价值、口碑营销价值等市场工具进行定量分析，因此，已经可以用数据和图表清晰地表明用户情感与企业利润之间的关系。

第 1 章　奠定成功的基础

财务模型的弱点——假设有两家公司，一家公司的决策以观察到的人类行为和行为趋势为依据，另一家以财务模型中的历史数据来判断未来的盈利形势，那么这两家公司哪个更有前途？如果觉得第一家公司更有希望，说明你在直觉上已经了解了人类学——"人的因素"——对传统财务分析方法的重要补充作用。

生存机会的增加——几乎所有的企业都经历过困难时期或业绩下滑时期，往往是在这样的艰难时期里，消费者的情感能够发挥重要的作用，甚至可以力挽狂澜，让企业起死回生，也许这就是所谓的"因果报应"吧。当星巴克由于经济不景气宣布关闭600家咖啡店时，许多地方的社区自发地组织了"挽救星巴克"的行动。同样是在经济不景气时期，一些具有悠久历史的老牌投资银行和零售企业基本都没有遭遇过示威抗议，它们得到了民众的拥戴。虽然消费者的情感不能弥补企业商业模式或管理制度上的缺陷，但无论企业处于顺境还是逆境，它都能为企业实施新战略提供一定的成功保障。

社交网络的影响——产品消费者在浏览YouTube或推特（Twitter）时说些什么？在脸谱（Facebook）网站上，消费者成为企业的"粉丝"了吗？消费者不仅会根据情感因素做出购买决定，还会根据情感因素给出反馈。在互联网时代，消费者的体验和评价不再局限于平时的社交圈，而是会扩散到整个网络上，所以企业需要考虑消费者在社交网站上描述的关于产品的感觉。

美国诗人玛雅·安吉洛（Maya Angelou）曾经说过："没有人会记得你说的话，也没有人会记得你做的事，但一旦别人对你产生了某种感觉，他们就不会忘记对你的印象。"所以，感觉最重要，企业对消费者心理的影响才是企业的永久财富和最值钱的无形资产。因此，企业应该把消费者对产品的感觉放在首要位置来考虑。

第 2 章　搭建对话平台

2000年，美国老牌家用电器厂商 Amana 走到了生死存亡的边缘。它生产的家用电器产品虽然质量很好，但销量一直下滑，品牌知名度直线下降，多个主要经销商不再代理该品牌，公司旗下的一家工厂面临停产。在危急关头，Amana 花了上百万美元请顶尖的咨询公司进行了消费者调研。咨询公司用几个月的时间调查 Amana 走下坡路的原因，最终发现关键问题在于消费者认为它的产品设计不够吸引人，而且年轻一代几乎没人听说过 Amana 这个品牌。Amana 主管市场营销的副总裁约翰·海灵顿这样总结他们当时面临的问题："我们一直在让男人来设计女人使用的物件。与此同时我们还在不断地削减成本。我们过多地关注了产品的性能，却忽略了消费者使用我们产品时的体验……"

Amana 公司急切地想要重新赢得消费者和市场份额。那些倾力打造优质产品的公司高管开始意识到市场的游戏规则已经变了。产品的美感和新特性对于消费者来说变得更为重要，尤其是对那些拥有大房子和专用洗衣间的消费者来说。但是目前公司资金短缺，所以重新设计产品不能有任何失误，而且设计进度必须要快。

Amana 的情况在每个领域都屡见不鲜。某个品牌或某个产品尽管质量上乘，性能优越，价格低廉，但销量和销售额却一直下滑。质量、性能和价格等因素尽管重要，但这些因素已经不足以支撑其可持续发展并获得消费者的持续青睐了。

更大的团队以及促成团队合作的新方法

突破性的设计不会凭空出现,不是在产品的生产制造过程中随便加入一个步骤就能实现的。新产品推介的复杂性、消费者的多样性以及全球性的竞争意味着每个公司都必须在产品设计过程中投入更多的人力。要想做到真正的创新,主管、市场营销人员、工程师以及设计师需要共同努力。但遗憾的是,很少有企业注重各部门之间的合作。尽管有些大企业已经开始设法打破组织内各部门之间的壁垒,但这只是个别情况,尚未形成统一规则。

产品设计要求设计人员充分了解消费者,并清楚不同的措施会产生怎样的商业效果。有人指责公司主管只在乎盈利情况,忽略了消费者的反馈,但这并非公司发展状况不佳的原因。如果企业不愿意听取消费者的意见,那市场调研就不会成为一个价值 190 亿美元的行业了。像宝洁这样顶尖的大企业每年投入两亿多美元研究消费行为,但很明显,海量的统计数据、财务模型以及传闻无法造就敏锐的市场洞察力。事实上,很多失败的设计案例都归结于对各种真假信息的不当处理。

促成沟通、达成共识并最终在利益相关者之间树立信心,使其团结一致是非常重要的。一项针对公司主管的调查显示,将营销策略与消费体验有机结合是企业面临的一大挑战。解决这个问题需要有不同思维方式的员工坚持不懈地努力合作。设计师靠直觉工作,工程师靠数字做出判断,企业主管和市场决策者靠理性思维来决定产品设计。仅仅将一群精英员工聚到一起,然后告诉他们要发散思维是无法让彼此间的差异想法融合到一起去的。我们需要一些方法来促成有效的合作。

为什么没能水到渠成?

许多关于设计和设计理念的争论都纠结于直觉判断和理性思维

之间的差异，而没有关注二者之间的相同之处。其实，这两种指导行为的方式都能产生重要的知识和经验，都能产生精彩的创意和神奇的效果，也都要经受市场的检验。然而，擅长直觉判断的设计人员和擅长理性思考的管理人员总是不能有效地沟通，主要原因有以下三点：

● 设计行业规模较小，从业人员分散——美国劳工统计局的数据显示，美国有4.8万名商业与工业设计师，其中约30%是独立工作的。而美国的商业管理人员数量大约有400万，包括管理咨询师、市场调研员以及企业高管等。过去，这两个群体之间的合作机会很少。

● 教育背景与学习方法的差异——教育背景与学习方法在沟通中起着重要的作用。大部分设计师都有美术背景，他们通过观察与模仿进行学习。设计师可以适应成本与制作方面的要求，但他们经常依靠直觉和主观的审美感觉工作，而这些都很难转换为商业术语。相比之下，工程师们做事有他们自己的一套方法，他们很务实，而企业主管和市场人员需要理解统计数据、市场要素和盈利形势。

● 历史原因——不久以前，设计师只是在公司战略确定后，甚至是在产品基本定型之后才参与进来，他们的任务是增加已有产品的美感。而现在，设计师要参与的已经不仅仅是如何设计的问题，而是设计什么的问题。企业已经意识到产品设计需要从一开始就着手进行，但真正能做到这一点的企业非常少。

形成合力的关键因素

一个团队要想打破上述障碍建立共识，需要具备一定的条件。其实，摆脱当前的混乱局面并不需要更多的调查研究和数据分析，而是需要重新确定工作重点。毕竟，消费者不是按照企业的决策规则来做出购买决定的，他们的消费行为和对品牌的忠诚度很大程度上由心情决定，所以，研究消费者的决策过程可以让各方更多地了解市场情况。总结起来，使与设计有关的各方人员形成合力需要以下条件：

- 建立共同语言——各方人员之间的协作仍然受不同部门之间使用不同专业术语的障碍。在国际会议中，参会人员经常来自世界各地，母语各不相同。他们讨论的裁军、气候变化、恐怖主义等议题已经足够复杂了，再加上语言障碍，所以达成一致非常困难。如果公司开会时，每个部门都不能听懂其他部门的陈述，要达成共识显然是不可能的。国际会议的解决方法是引入同声传译，企业的解决方法应该是建立共同语言。

尽管大多数企业的状况没有这么糟糕，但它们的发展趋势很危险。企业内部需要一个帮助各部门有效沟通的工具，以便让所有参与决策的人员了解消费者关注的重点。国际会议中，与会人员一般看不到同声传译，他们只能通过耳机听到翻译的声音。在公司内部，不能引入这种只闻其声不见其物的东西，必须以一种看得见摸得着的方式来克服语言障碍。

- 量化情感需求——情绪看似复杂，难以捉摸，对情绪进行定量分析似乎不太可能，但是可以通过研究消费者在不同情境下的反应来解决这个问题。人类的本能反应中最重要的部分就是要首先满足自身最基本的需求——人身安全、温饱、有居所，这些需求满足不了，我们就无法生存。基本需求得到满足后，消费者开始渴望得到更多的东西，他们希望被爱、被认可、被尊重。参与设计的各方人员也是消费者，所以他们知道并理解消费者的这些需求。

- 用图表显示定量分析结果——定量分析可以让管理人员和工程技术人员在做决策时把消费者的情绪因素考虑进来，但设计人员对定量分析结果中的数字并不敏感。如果把消费者的情绪跟购买行为之间的关系用图表显示出来，那么无论是搞设计的、搞管理的还是搞技术的都容易看懂。当图表显示产品和品牌符合消费者的购买情绪时，市场机遇便显而易见了，各组团队也就有了清晰的共同目标，可以开始朝着一个方向努力了。

- 让项目团队在项目初期形成共识——大多数设计项目前期最重要的任务是让整个设计团队形成共同的理念。Amana 副总裁约翰·海灵顿在完成重新设计家电的项目后总结说："我们成功的关键在于整合人才，让大家形成凝聚力。如果我们没这么做，没有采取这样的策略的话，我觉得我们肯定实现不了……"先抛出一个概念或是一种理念，然后让参与设计的各方人员接受这个概念并以此为基础开展设计工作，这种方式一般是行不通的。相反，把各方人员集中在一起，让他们共同形成一个概念，确定一个方向，这种方式更加有效。如何让他们在最初阶段达成一致意见呢？用图表显示的定量分析结果这时会发挥关键作用。当各方人员看清消费者的购买行为与情绪反应之间的关系时，便容易形成相同的判断，即使他们的专业背景不同，但毕竟他们也都是消费者。

"看得见"的优势

"我看到就会明白。"这个道理不仅适用于看得见的产品与服务，同样也适用于看不见的企业战略。"看到就会明白"并不意味着要我们单纯依靠直觉，放弃理性思考。我们的感官——特别是眼睛——在理性思维和感性认识中都起着非常重要的作用，这种作用产生的时候我们是意识不到的。人类的各种感官中，有意识的只占一小部分，大部分感觉是在无意识的状态下产生的，如图 2—1 所示。

不管他们是不是想这么做，消费者通常都是在一瞬间做出决定的。因此，同样的信息内容如果以可视化的形式呈现给跨学科的设计团队，要比以报告的形式更易让他们理解和操作。使用高度可视化的工具和方法很有效果。

不同感官处理信息的速度	总频宽（比特/秒）	有意识的频宽（比特/秒）
 视觉	10 000 000	40
 听觉	100 000	30
 触觉	1 000 000	5
 味觉	1 000	1
 嗅觉	100 000	1

图 2—1　感官处理信息的速度

Amana 的华丽转身

在 Amana 的案例中，每个人都在做自己认为重要的事情，他们都觉得质量是第一位的。然而仅仅注重产品性能就会忽视产品设计，而消费者需要通过产品设计与产品进行情感互动。一味强调质量和性能的结果就是消费者对品牌失去了兴趣。Amana 经过认真思考后意识到，要想避免关门停业，就必须做出改变，而且要尽快改变。采取有针对性的方法重塑品牌形象是它的唯一选择。

准确判断

第一步要观察消费者在家电卖场中选择不同品牌的洗衣机和烘干机时的表现。很快我们会发现品牌之间的区别并不是那么明显。这是个低成本制造的时代，各厂商面临的挑战似乎也很明显，就是让自家的产品在同类中脱颖而出。

洗衣服会让衣服变得清洁，焕然一新，但洗衣机枯燥乏味的油漆罩面并没有传达这个信息。洗衣机的控制板按钮缺乏色彩，像是在向消费者强调洗衣服是种家务劳动。除了在家里安置洗衣机和烘干机比较方便之外，和去自助洗衣店相比，这些摆在家里的电器并没有给消费者带来任何不同的体验。

具有讽刺意味的是，对于 Amana 公司最引以为豪的产品质量，消费者并不买账。Amana 的产品外观上根本没有任何标识让消费者关注像不锈钢转筒这类有用的细节，只有在消费者打开机盖的时候才看得到这样上乘的质量。"内置英特尔芯片"一类的信息要怎样在洗衣机这类产品上体现出来呢？这是 RKS 设计公司的工作重点，因为公司没有时间也没有义务去重新设计产品的所有方面。

考虑到设计任务时间紧迫，RKS 的设计师们将重心放在了产品吸引力与产品互动方面。观察结果显示，消费者在商场选择商品时，他们会按洗衣机上的按钮，查看控制面板。因为这些方面会吸引消费者，所以设计师决定将标识、旋钮和图案作为重新设计的工作重点。

● 标识——为了更好地突出不锈钢转筒所代表的质量，设计师们增加了一个写着"不生锈"的小标识。带有 Amana 名称的标识也经过重新设计并贴在了不锈钢外壳上，以强调这一永久性特征。

● 旋钮——触感柔软的旋钮让操作和控制得心应手。

● 图案——和同行业其他品牌区别很大的一点是，设计团队在控制面板上使用了颜色鲜艳、简明易懂的图案和图示。

尽管 RKS 设计公司很自信地认为这些改变肯定有效果，但这会给每台机器增加 0.3 美元的成本，而并没有增加或强化任何产品功能。想说服 Amana 的工程师、市场人员和管理人员增加这笔投资很困难，仅仅把设计理念"告诉"他们不起作用，必须向他们"展示"新设计的魔力。正如马自达米埃塔跑车的设计师汤姆·马塔诺所说的："最重要的就是要将审美和用户体验相结合，我把它称为移情设计。美感很重要，它会吸引注意力。如果你在报社工作，而你们的读者总是漏读标题，那肯定有问题。设计应该具有开关的功能。设计好了，开关就打开，别人的注意力就被吸引住了。"开关能否打开，还要经过消费者的检验。

消费者测试

传统的消费者测试是将消费者带进展厅，向他们展示设计理念或设计完成的成品，然后让他们给出反馈。这样的测试方法可能无法检验出新设计的真实价值。这种传统模式让消费者觉得自己是"研究对象"，决策者无法对产品在市场中的真实表现做出预测。为了使测试更有意义，设计团队认为他们需要给消费者提供一种"购物体验"。于是他们将一台全新设计的洗衣机样品和其他品牌产品放在一起，然后观察消费者们的反应。

当消费者走进展厅后，立刻被 Amana 改进了的产品设计吸引住了。彩色图案让 Amana 洗衣机从千篇一律的白色中脱颖而出，具有柔软触感的旋钮也立刻缩短了消费者和产品间的距离，其他品牌的产品受到了冷落（见图 2—2）。

图 2—2　重新设计的 Amana 洗衣机控制面板

看到消费者们对新设计表现出来的兴趣，Amana 最终同意增加 0.3 美元的制造成本。而这 0.3 美元的成本显著拉升了消费者所感知到的产品价值，并使零售价格提高了 100 美元。之前放弃 Amana 的零售商们又重新签约，Amana 从新设计中获得了 2 000 多万美元的年利润，并开始投入力量重新设计其他产品。

同时，新产品的市场反响也很不错。将洗衣机和烘干机的灰色图示变成彩色不仅让消费者在购买时感到亲切，妈妈们也反映彩色的按钮方便了她们教孩子们洗衣服。妈妈们教会孩子们洗衣服所产生的情感联系提高了产品的品牌价值，这一点千真万确。

建立自信，走向成功

看到有效的结果后，设计团队对所采用的方法有了信心。在成功案例的鼓舞和借鉴下，Amana 公司开始投入精力改进生产线上的其他产品的设计。

下一项任务是重新设计 Amana 冰箱和其他主要家用电器。设计团队和企业管理层都希望在研究消费者行为的基础上建立用户与产品之间的情感联系。设计师给其中一款冰箱的门内侧配了一个"儿童区"（见图 2—3），其高度正好适合小孩自取食物，家长们可以把专门给孩子们准备的零食和饮料放在这个区域里。

图 2—3 配有"儿童区"的 Amana 冰箱（企鹅部分是"儿童区"）

厨房通常是"家的中心",所以设计师给一些冰箱增加了录音功能,让家庭成员们在厨房相互留言,省去了写便条的麻烦。这也许是"智能家居"的早期雏形。

重新设计后的产品在市场中取得了出乎意料的成功。Amana 从几乎被消费者踢出品牌排行榜一跃成为七大品牌中位列第二的企业。更重要的是,人们又重新对这个企业产生了兴趣。Amana 副总裁约翰·海灵顿说:"在这件事之后,公司内部也发生了很大的改变。整个团队非常团结,大家乐于生产很酷的产品,而不是仅仅埋头专攻质量和性能。此外我们还吸引了更多的人才。"

让设计师们最开心的是什么?当问及该项目最大的功绩时,他们的答案非常一致:"我们通过让企业继续运转保住了很多人的工作。"很显然,在这个案例中,设计人员和管理人员不仅能够共同面对挑战,而且还能相互了解彼此的难处。情感联系不仅仅存在于消费者与产品之间,还存在于企业内部各个团队之间。

最终,Amana 在品牌复兴后被另一家美国家用电器制造商美泰克公司收购,后来其他品牌竞相模仿 Amana 的独创设计。实际上,Amana 全新设计的成功之处不能简单地归功于恰当的图案和修饰,设计过程给企业内部带来的变化同样发挥了很大的作用。新颖的设计和内部机制的改进共同建立了产品与用户重新联系的纽带,使企业有时间、自由和资金推出更加大胆的概念,并将这些概念成功地变成现实。

继续向前

越来越多的公司通过设计在竞争中获胜。犹如十年前的信息技术革命一样,设计也改变了各个行业的状态,各种"最新设计"如雨后春笋般层出不穷。有些设计因为不符合消费者的实际需求而成为昙花一现的配角,有些创新则成为人们生活的一部分,如脸谱和谷歌网站,用户信任这些平台,并且愿意与人分享并推广这样的平台。

设计所带来的改变不仅仅是因为使用了更加有效的工具。在公司内部，管理人员学会了如何提出正确的问题，如何指导实践过程，以及如何做出符合公司战略和品牌形象的决策。我们相信这样巨大的变化可以通过优秀的设计来实现。马自达设计师汤姆·马塔诺则更进一步说："在中世纪，艺术十分繁荣，因为当时的国王主张发展艺术。当今世界中，企业家可以是设计的支持者……他们必须明白产品最终将成为展示企业战略的具体东西。"

心理美学在设计与策略之间搭建了一座桥梁。它在员工之间、部门之间建立了沟通，最终与消费者建立了沟通。心理美学工具为每位员工提供了看得见的、易懂的、可量化的、建立在逻辑和情感基础之上的具体方法，因此所有团队都能够与消费者建立有意义的情感联系。

建立对话平台

设计的变化，即使是美术设计方面的变化，也能完全改变和重塑消费者的体验。理解情感层面的各种含义可以使各方做出有利于企业和消费者利益的决策。通常，比较困难的交易都是根据财务状况完成的，因为财务数据看上去更具体、更可靠。然而，基本的情绪反应适用于所有的消费行为，这些反应能够且应该被客观地分析。建立一种以情绪为基础的沟通机制可以为具有不同知识背景的团队设定共同的语境，为他们搭建一个有意义的对话平台。

第3章 描绘未来

设计的过程要从深入了解消费者开始。消费者体验方面的专家刘易斯·卡蓬（Lewis Carbone）和史蒂夫·黑克尔（Steve Haeckel）曾经写道："消费者得到的永远比他们希望的多，因为一件产品或一种服务总是给他们带来某种体验。这里的体验是指消费者在和产品、服务及整个行业接触过程中所形成的感觉。"出色的设计都是以消费者体验为出发点，在充分理解行业特点和竞争对手的基础上完成的。

但是如何评估消费者体验这种主观、无形的概念呢？传统的市场竞争分析工具一般包括定价策略、利润水平和市场份额。尽管这些指标永远都很重要，但它们都没有体现出情感联系的重要性，而情感联系恰恰是决定每个行业市场领袖的重要标准。财务数据可以让我们对当前的市场状态有一个大致的了解。要想找到市场未来发展和革新的方向，首先必须在了解消费者的前提下把握竞争格局。提供真正有突破性的产品和服务的关键在于全面了解消费者体验，然后用有效的方法改变他们的体验。最佳的创新会同时改变消费者体验和消费者本身。

想想Flip便携摄像机的巨大成功吧，它依靠市场推介就很快占领了摄像机市场13%的份额，而且其50%的用户已经有了一台便携摄像机。在Flip便携摄像机面世的两年前，便携摄像机的市场处于停滞状态，前景黯淡，行情普遍看跌。然而当时默默无闻的Pure Digital公司的主管们却不这么认为，他们看到了机遇，因此他们大胆地以带有拍立得相机点击功能的摄像机进军市场。Flip便携摄像机小巧的身材使其十分便于携带，免去了需要携带摄像机包的麻烦。画质也比其他便携摄像机的替代品——如手机——要高得多。而且Flip便携摄像机在光线暗淡的环境中依旧表现出色。最重要的是，它自带的软件和一键弹出式的USB接口方便了用户向YouTube直接上传视频。在其面世后不久，Flip摄像机很快成为亚马逊网站上最畅销的便携摄像机，在各大商场的销售量迅速超过了预期。网友们开始分享体验，说他们的孩子和家中的老人在拿出Flip摄像机几分钟后就制作并上传了他们的视频。

这个巨大的成功并不是因为预见了便携式摄像机技术的未来，而是因为对如何提供更好的消费者体验有了更深入的思考。在Flip便携摄像机问世前，消费者对于摄像机的体验可以用两个关键词概括：困惑和困难。那些连把照片从相机里弄出来都不会的技术恐惧者们对于摄像机强大但复杂的性能敬而远之。

认识到这块尚未开发的市场后，Pure Digital公司很有远见地将摄像机用户体验变得简单、有趣。它意识到用户并不是想成为摄像师，他们只是想和所爱的人分享生活中的瞬间。Flip便携摄像机去掉了一些不必要的功能，增加了内置USB接口和自动上传系统，这就去除了产品中的一些主要的"痛点"（消费者在使用产品时遇到的困难），使Flip摄像机对很多用户产生了极大的吸引力，在手机、数码相机和市面已有的摄像机之间找到了适合自己发展的"空白空间"。Flip摄像机简洁朴素的设计使得其价位可以保持在200美元左右，这让大学生和Pure Digital公司试图发展的其他新用户们也能够买得起。

决定保留或去除某项功能不是由超越竞争对手的渴望所决定的。Flip摄像机的决策组希望重新定义市场，因此他们将用户体验作为重点。尽管摄像机是由Smart Design公司设计、由IDEO公司投资生产的，但Pure Digital的目标很清晰，其市场部副总经理西蒙·弗莱明-伍德这样解释：

第3章 描绘未来

刚开始的时候，我们将简约作为目标。实现这个目标有两种方法——把事情做得很蠢，或者是从中获益。我们一开始想生产一种一次性摄像机，但这个理念受到商业模式的挑战。后来我们发现我们大部分用户都是女性，而在传统的摄像机市场中大部分买家是业余爱好者和父亲，母亲是一块被遗漏的市场。

我们起步时摄像机市场处于停滞状态，但我们发现家用摄像机市场只有景物摄影机市场的六分之一。其实，在2000年，我们发现摄像机市场要比当时的景物摄影机发展超前25至30年。我们相信如果利用触摸式功能对摄像机进行简化，其市场还是存在潜力的。

我们知道人们很喜欢摄像，但我们也知道需要改变用户的摄像体验，而且这么做是有很大价值的。我们还知道产品设计甚至要早于市场营销，设计应成为人人谈论的话题。最后，我们应当能创造一款炫目的，且不让任何人觉得害怕的产品。

我们的设计最初被看作"简明版摄像机"，现在连斯蒂芬·斯皮尔伯格和斯蒂芬·索德伯格这种级别的大导演都在用Flip便携摄像机，他们肯定了解并有能力选择最好的设备。我认为在照相机中加入简约特性，技术发烧友也会喜欢。我们的成功在于重新描绘未来。看到新产品进入市场并被称作"该领域的Flip"，这让我们很有成就感。我们的很多竞争者也有我们产品所有的功能，但他们没能把所有效果组合起来。

尽管从用户体验入手的理念听起来很有道理，但同时它也反映出很多公司在发展战略中缺乏这一理念。当决定改进用户体验后，发展策略、产品设计以及工程和市场营销等每个环节都要贯彻这个理念。请注意，在谈论Flip摄像机时我们没有提到像素、内存等技术参数。用户体验策略分为三方面：首先是新的用户群体可以买得起，其次是使用简单，最后是分享方便。分享视频无须下载或安装任何软件，不用整理杂乱的线，也不用担心忘记带连接线。Flip摄像机使用电池，所以如果在旅行中电量耗尽，用户不用担心因为没带充电器而扫兴而归，只要在附近商店买电池就可以了。最重要的是，Flip 摄像机用起来很有趣，它极大地缩短了录制视频和分享上传的距离。以消费者为中心的设计理念带来的益处显而易见，其销量在不到两年时间里达到了将近 200 万台。

摄像机产业很快开始意识到其市场突然从技术发烧友和父亲扩展到了所有想记录影像的人。在 Flip 摄像机获得市场份额的同时，其竞争对手也引入了类似的功能，整个产业都在发展。

尽管已有的用户会寻求摄像机的新功能，但市场规则已经被重新定义了，并且通过一个简单、贴近消费者的设计，市场得到了扩大。这些设计为市场注入了活力，众多的 Flip 摄像机使用者渴望分享他们的记忆和他们所发现的这种更好的拍摄、分享视频的方式（见图 3—1）。

图 3—1　Flip 便携摄像机

今天来设计明天的市场

没有预言家，要如何预测消费者想要怎样的用户体验呢？如果依靠行业和开发周期，可能需要几个月甚至几年的时间。要预测未来能够实现什么样的技术已经够困难了，要预测像"体验"这种复杂的东西当然更是难上加难。关注销售数据和内部成本结构会让人们只讨论现在的发展，而不设想未来。谋划利润和市场份额已经不再那么有效了，尽管企业高管和利益相关方在情感上可能和市场份额保持关联，但消费者不会。基于数据的发展模式会错误地将资源分配至已经存在的利润点，而不会发现创新点和将来可能的利润点。如果一个团队以基于市场调查的策略为指导，那么这个团队只会关注规则而失去远见。虽然在这种情况下产品依旧有人买，服务也依旧有人买，但时间长了消费者很可能会厌倦。这时，在现有条件下创造新产品的能力会越来越差。

规划消费者体验将引领发展方向

如果利润和市场份额不是企业长远发展的动力，那么一个企业怎样才能将发展趋势和数据变成消费者真正需要的产品、服务以及体验呢？在标准还在确定过程中的时候怎样收集数据？以消费者体验为重心的设计怎样才能创造经济利润？

这些问题都曾激发了长久的探索和实验。商业战场上到处都有失败的案例，许多有吸引力的产品最终都没能抓住受众的心。尽管有很多工具和方法可以总结消费者使用产品和服务之后的反馈，但发展团队需要在研发产品之前预测如何与不同的消费群体建立情感联系。

在研究了一些著名的成功与失败的案例后，我们将注意力放在了理解人们在购买产品时和购买产品后的复杂情感上，并研究出了新的方法来进行总结和描述。例如，在为Amana公司做调研时，我们发现消费者购买商品后向邻居炫耀的动机与帮助家人朋友的动机是并存的。我们很快意识到在没有建立起与用户的共识之前，是不能空谈消费者情感的。为了让消费者需求引领设计过程，我们必须清楚地知道什么是有用的，我们现有的能力将如何影响消费者。而且我们还要寻找能与关注我们的人（包括用户所在组织中的利益相关者）建立联系的方法。

> **创新的自由**
>
> 美国工业设计师协会前执行理事、摩托罗拉和黑莓的高级设计师弗兰克·泰尼斯基将自己的成功归结于他从业之初在美国费雪公司（Fisher Price）做玩具设计师的经历。他回忆说，制造新玩具的提议通常不到一页纸，然后大家围绕这张纸开始讨论，纷纷提出自己的想法。此外，新手机的技术建议书有电话簿那么厚。技术越高端越复杂，用户体验就越重要。在这种情况下，条件应当放得比以往更宽，这样才能有空间推行新的解决问题的方法。毕竟，用来优化打字机性能的方案永远不能造出电脑来。
>
> 尽管理解技术细节在包括玩具制造业的很多行业中都非常重要，但围绕消费者体验制造出的产品能让付出的努力对团队更有实际意义。当员工知道自己能让人们做些什么，而不仅是朝着某个新特效或某种功能努力的时候，创新的工作会收到更好的效果。虽然不可能总是把提议缩减到一页纸，但简洁明了的原则始终非常重要。

我们和人类学家以及权威人士合作，将我们设计组多年来依靠直觉的工作程序化，目的是形成一种方法，帮助制定一种可以制定战略的流程，从而创造突破性的用户体验。我们需要的是在消费者情绪与体验的背景下将市场可视化。为达到这一目的，我们发展了心理美学的映射机制。

描绘消费者情绪

心理美学的映射机制可以用一个坐标图来表示，横轴代表情绪，纵轴代表互动性，情绪和互动性相结合形成体验。要量化情绪，我们要了解马斯洛需求层次理论中的基本心理学原理。这些层次展示了人类需求和情绪是按怎样的优先顺序排列的。生理需求指那些生存所需的最基本需求——食物、水、庇护所等等。这些生存需求要在我们寻求安全感之前得到满足。当较低一层的需求得到满足后，我们会沿着金字塔向上，产生爱和尊重的需求，直到达到人类发展的最顶端——自我实现——这是我们能达到的最好状态。

心理美学将马斯洛的需求层次理论转化成了消费者需求、欲望、心愿等层次，如图3—2所示。在消费者需求层次理论中，第一层代表满足最基本需求的产品和体验。这样的产品能用，但不能在很大程度上改变消费者的生活，也不能激发消费者对生活的期待。

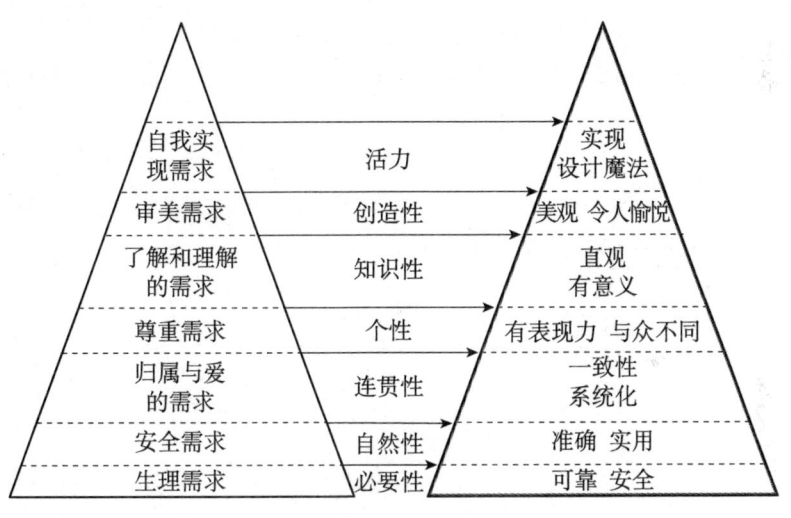

图3—2 马斯洛的需求层次理论图（左）转化为消费者需求、欲望、心愿层次图（右）

对人类自身历史和标志性品牌的研究表明，成功的品牌都有一个特点：消费者使用和享受的产品和体验都能让消费者自我感觉良好。耐克鞋让人们觉得自己像专业的运动员，有机食品让人们觉得自己是个持家有方的人，豪车让人们觉得自己很成功。这些就是让产品具备了能用之外的功能，它们使人们有了更多的体验。想一想

GPS全球定位系统能为一个新手司机带来什么，一身不错的套装能为一名紧张的面试者带来什么。满足人们更高层次需求的产品和体验可以让人更加成熟和自信。

在消费者需求层次理论图中，实现设计魔法是需求、欲望、心愿图中最顶级的层次。最有意义的消费者体验才能达到这个层次。实现设计魔法是指我们通过产品和服务建立的情感联系，这些产品和服务能够帮助我们做一些以前做不到的事情，比如洗碗机可以帮我们节省时间，Skype和脸谱将我们联系在一起，Wii游戏机为我们的生活增添乐趣。每个行业都有产品和服务能在不同程度上改变我们的生活，并且改变我们和周围世界沟通的方式。

当消费者发现这样的改变后，他们会和带来这种改变的产品建立深厚的情感联系（见图3—3）。这就产生了品牌忠诚度和宣传热情，这有可能极大地改变消费者的生活，并改变公司和整个行业的发展方向。

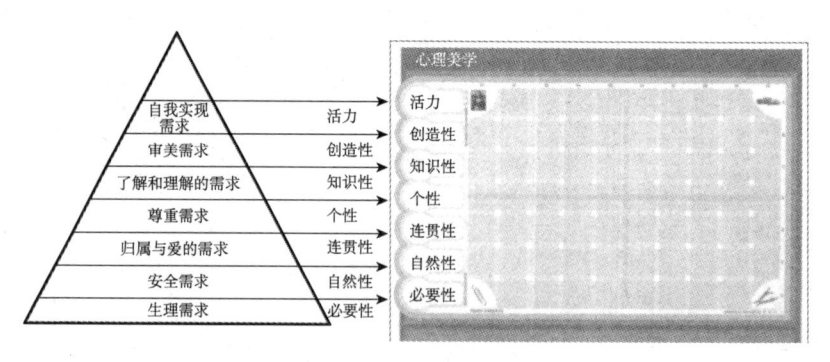

图3—3 马斯洛的需求层次理论图和心理美学图

（需求层次理论图与纵轴相对应）

增加互动性

互动性是心理美学图展示的消费体验中的第二个维度。横轴（或X轴）表示了设计中互动性的高低，从被动互动到高度参与逐渐升高。虽然产品的功能也是设计中互动性程度的一部分，但X轴还会测量出有多少感官被激活以及整体的互动性有多高。

互动性还考虑了人们在生活中是怎样获取或丢弃东西的。我们通过消费者被迫与产品进行互动（使用、检查、试驾等）的程度来做出判断。互动性可以通过观察来有效获知，并与兴趣和消费行为紧密相关。一个企业的产品在互动性中涉及越多的感官就会越成功。那些触摸商品的消费者更有可能把商品买下来，播放着音乐的商店会有更高的营业额，有谁能抵御得了"新车的味道"呢？

互动性是可见并可测量的。证明这一观点最成功的例子就是泰迪熊华斯比，这是玩具业第一款以电脑动画为基础的、会说话的毛绒玩具熊，如今它依然是史上最为畅销的玩具之一。孩子们总是很喜欢角色扮演，而当时很多玩具更注重于增加更多知觉上的反馈（比如有着香气的草莓脆饼）以及配饰、种类与特性（比如芭比娃娃和眼镜蛇部队系列玩具）。泰迪熊却能真的和孩子们进行交谈，与他们互动。它不仅仅是个玩具，而且是孩子们的朋友。泰迪熊内部使用的技术以及需要更换录音带的设计要求产品必须精雕细琢，保证不会破坏孩子们对小熊的想象。被动的互动很容易就让孩子厌倦，而泰迪熊则更加耐玩，让孩子们和小熊更加贴近，并创造了更多探索小熊的机会。持续增长的互动性创造了该品牌直至今日的成功。自 1985 年引入该技术以来，全球已售出 2 000 多万套泰迪熊玩具，品牌认可度保持在很高的 80%。

泰迪熊的例子证明，设计产生的互动性是成功的关键。尽管也有像车库开门器这样的例子，简单便捷到按一下按钮就能实现其全部的使用价值，但这类产品并没能激发消费者的热情，并带来惊人的销量增长。有更多参与性的体验会触动消费者并很快让他们变为该品牌的忠实粉丝。大多数情况下，听 CD 是种被动行为。iTunes 和 iPod 则让消费者方便迅速地下载歌曲，从而成为一种例行操作，让消费者更多地进行参与，提升消费体验。现在再来看《吉他英雄》的例子，通过让消费者成为音乐中主动的参与者，该游戏在北美地区的销售额在 26 个月内创纪录地超过了 10 亿美元。做一个主动的参与者而非被动的旁观者，这是不论哪个年龄层次的消费者都无法抵御的诱惑。

描绘可能性

下图提供了从消费体验角度进行的针对角色、有竞争力的产品和品牌的综合分析。图中的各个项目可分为四个象限：基本类、通用类、艺术类和丰富类，如图 3—4 所示。

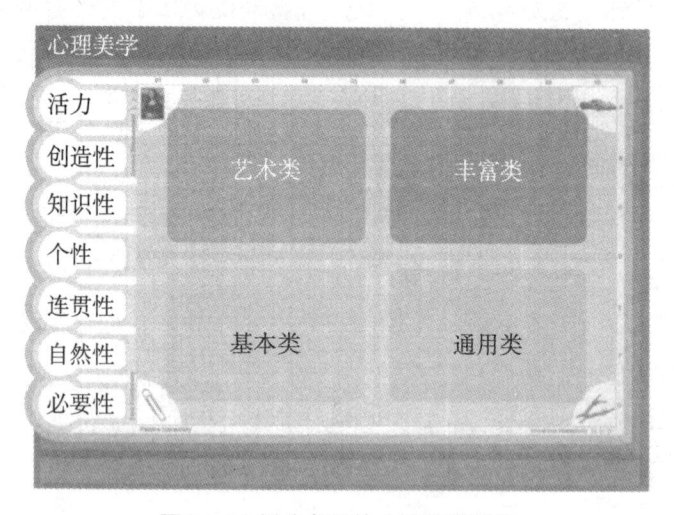

图 3—4 划分象限的心理美学图示

● 基本象限——在心理美学图示左下角象限里有一个曲别针，它代表了纯功能性的产品，基本不要求与消费者互动。左下角的象限包括了最基本的、使用目的较为狭窄的商品，例如最基本的开罐器。

● 通用象限——右下角象限有一个多功能工具，功能更多更强大，并要求具有和消费者的互动。技术较复杂和多功能设备属于该象限。

● 艺术象限——左上角的象限是蒙娜丽莎，代表了纯粹的美丽，但是没有太多功能或是互动性。这个象限包括高端时尚产品，如珠宝等。

● 丰富象限——右上角象限以法拉利为代表，该象限中的商品结合了美观与功能性，涉及多重感官——视觉、触觉（皮革、控制装置）、听觉（引擎独特的轰鸣声）等。购买此类产品是由于有更高的情感需求，受消费者自我表现欲的驱使。生活方式和休闲采购会引发沉浸式和拥有地位感的消费体验，我们对房子和车的选择就是最好的证明。

尽管蒙娜丽莎和法拉利分别代表了高层次的美和高层次的互动性与地位感，但这并不等于一定会有高价位。基本类的商品和高端商品都适用于这个图示工具。在图示的角落里用商品标识是为了提供一个消费体验的参考点，让团队中的每个人都可以参考。其目的是理解对目标消费者有用的特定体验。

需要注意的一点是，互动性的数量和消费体验的质量并不成正比。积极的体验靠的是消费者能控制互动性的程度以及能得到多少想要的反馈。每个浏览亚马逊网站的人都可以决定想要搜索的特定商品细节的详细程度，但是下订单时，消费者并不想开太多个窗口——亚马逊也知道这一点，所以一键下单是这个过程中同等重要的一部分。要明白功夫下在什么地方才能帮你拉近消费者，什么地方又会赶跑消费者，这是优秀设计的核心。使用产品和服务的体验需要和它们能提供的体验一起进行综合考虑。

手机市场的示意图有助于说明产品映射的概念，如图3—5所示。

我们来看手机的示意图，基本象限中的手机是针对那些主要用来打电话的用户的。这些用户需要的是在紧急情况下能使用的手机，或是为了和家人保持联络。他们需要的是简单、方便使用的产品。

艺术象限中的手机则有更高程度的个人风格。这些手机的外观很突出，这也成为吸引用户的主要因素。这类用户中的一些人还可能使用挂件来装饰和美化手机，或是购买限量版颜色或款式的手机来彰显个性。

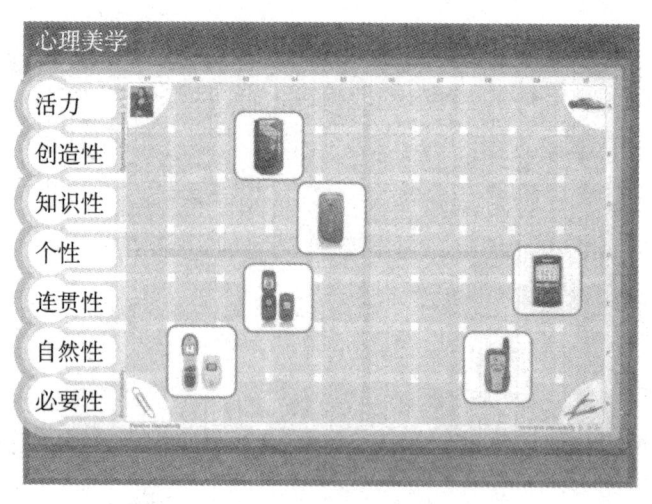

图 3—5　手机竞争状况的心理美学图示

通用象限中的手机有多种功能，可以收发邮件、传送数据、拍摄照片。这个象限中的消费者利用手机实现个性化、专业化，同时寻求可靠性。

丰富象限中的手机要求将多功能、个性化以及参与性等特点相结合，既能休闲娱乐又不影响使用。这是当今手机市场竞争的新领域。

了解市场　制定策略

通过在图示中标出有竞争力的产品和服务，我们可以了解一个产业是如何发展的。哪些企业只做了基本工作（曲别针）？哪些企业生产了漂亮的商品，但不需要消费者有多重感官的体验（蒙娜丽莎）？哪些产品有互动性但并没有丰富的、能够建立情感联系的消费体验？你所在的领域中结合了美观与互动性的法拉利有哪些？图示中商品的摆放相当于一种质量评估，它能通过突出商品间的差距，从而快速有效地提供指导。

这一阶段要讲究高度的团队协作。如果能在执行中结合所有部门的功能，就能达成共识，拓宽视角，进行有价值的创新。由于信息是以可视化的形式呈现的，因此在设计过程中可以很方便地录制

第3章 描绘未来

和参考。在发展战略中依靠可视化的参考点能帮助团队保证产品制作过程始终以创造更好的消费体验为指导思想。

描绘体验与设计的力量

我们再回头看一下Flip便携摄像机的例子，就会发现设计的力量能将某种产品从一个象限转移到另一个象限。在Flip便携摄像机问世之前，摄像机竞争市场中的商品大部分集中在通用类象限中，因为已有的消费者和产品都在关注技术和产品特性。Pure Digital公司的主管们意识到了左上角象限中有一块巨大的未涉足的市场空间。Flip便携摄像机减少了产品的复杂性，增加了乐趣和个性，因此吸引了那些受情感需求驱使并希望与所爱的人分享记忆，但对高科技产品并不感兴趣的消费者。

体验式描绘的价值

注重产品价值，而非产品特性

在消费体验基础上描绘的商品能让团队关注产品的价值，衡量能提供的体验，同时可以避免只关注产品特性。产品特性本身不能创造与消费者的情感联系，只有当消费体验创造了切实的价值，消费者与品牌间的联系才能形成。

重点要突出

团队能够理解那些联系消费者的设计元素，并将自己的注意力集中在丰富或开发这类设计元素上。即使价格不是障碍，一个成功的设计通常也只能让消费者注意到少数几项设计理念而已。增加装饰在多数情况下只会画蛇添足，特别是在产品品种繁多的行业。

杜绝资源浪费

设计团队要懂得哪些元素可以放心删除，即使它们过去很重要。这样可以合理分配资源，制造出对新消费者和有潜力的消费者们有吸引力的商品。

Pure Digital 公司的成功就是因为它本能地遵循了这些原则。但即使你恰巧也遵循了这些原则，如果没有精心的创新和设计过程，也无法继续创造成功。况且，企业基本上不会依靠直觉来做决定。利益相关者和投资者会要求在理性的基础上进行理解与分析，而这正是心理美学所提供的。在接下来的几章中，你会学习如何利用工具不断发掘你所在行业出现的机遇。

将与设计相关的点点滴滴全部联系起来

设计已成为发展战略中越来越重要的一部分。除了突出理念，设计变得越来越重要还有以下三方面主要原因：

设计与公司业绩

设计与公司业绩之间的联系在各行各业都变得更加明显。为什么苹果公司的 iPod 和 iPhone 如此成功？答案就是设计领导力。糟糕的设计和客户服务通常是公司业绩下滑的主因。这不仅是分析家和专家们的观点，消费者们的反馈也证明了这一点。设计正成为公司管理能力和盈利策略的代言人。不论你是想做行业的领军人还是维持现有水平，都必须注重设计。

品牌与设计的结合

过去的"品牌"概念已经很快和过去传统的"设计"理念相结合了。耐克、塔吉特百货和谷歌都是品牌世界中的佼佼者，它们同时也是设计领域的榜样。品牌与设计越来越难分开了。混合动力车的前景不可能是像悍马那样的车身。即使撇开消费者不谈，通过设计本身，创新也一定能赢得价值。

可持续发展的需要

对于可持续发展的关注正在让每个公司，包括那些有着优秀设计团队的公司改进和注重材料的使用及废物的处理。这就要求无数的产品和服务重新进行设计。设计不仅能创造更好的产品和服务，还能促进这些理念的推广。

设计方法可以让人提出问题，也能帮助人们解决问题。

第 4 章　为消费者赋予个性

制定有效设计战略的下一个步骤是深入理解潜在消费者，尤其要弄清楚他们到底想要什么东西，为什么想要这样的东西，拥有这样的东西能满足他们的哪些需要。换句话说，就是要弄清楚他们的消费体验。因此，企业就需要了解消费者的个性，从而确定目标消费群体，然后有针对性地开展设计。

重新设计一种形象

音响设备制造商 JBL（James B. Lansing）曾经遇到过一个问题。1995 年，JBL 推出了 EON 便携式公共广播扩音设备系列产品，此后的十多年间，EON 系列产品风靡全球，独领风骚，卖出了将近 100 万台，市场份额遥遥领先。与此同时，竞争者们前赴后继，300 多款类似产品紧追其后，步步紧逼。虽然没有哪个厂商的同类产品可以单独与之抗衡，但 JBL 意识到，必须采取先发制人的措施才能守住阵地。此时它需要的是新一代的 EON 系列产品，只有升级换代才能再次把对手甩在后面。

于是，JBL 开始着手设计新一代 EON 产品。首先，工程师利用最先进的技术提高了产品的性能，同时大大减轻了产品的重量。然后，JBL 公司开始请工业设计公司进行全面的设计。毕竟，第一代 EON 系列产品也是出于一家工业设计公司之手。

JBL 市场总监西蒙·琼斯简短地总结了设计过程："我们做的最好的部分是组件的设计和组装。我们自己制作各个部件，包括低音扬声器、压缩式驱动器、高频扬声器等，因为这些东西我们控制得了，我们能控制的东西就是我们的竞争优势所在，所以我们非常用心。然后我们把所有部件放在一个小盒子里，别人看不到盒子里的部件，只能听到它们的品质。设计工作的核心部分其实就是组装，既不能降低音质，又要让外观达到与内在品质相同的水平。"

JBL公司的研究表明，许多消费者都是凭产品的外观来判断其品质的，即使在了解了各项技术参数之后，也还会回到外观上来。生产商和销售商都很清楚，产品必须得有一个好的卖相，但他们没有想到，甚至有些专家也没有预料到消费者是如此看重产品的外观。要达到或超过JBL产品的音质水平，需要在技术上投入大笔研发资金，所以成本势必提高。要想让零售价格对得起产品的品质，就得让产品的外观看上去值那么多钱。这就是设计要完成的任务。

我们的设计团队帮助JBL分析了市场和消费者行为，给出了研究报告，提出了设计方案。我们的设计将JBL的最新技术体现在了外观上，让JBL的品牌精神和品牌所代表的品质也融入到了外观中，更重要的是，满足了用户的消费体验。完成这样一个设计的第一步就是充分理解消费者行为。

角色——消费者的面具

在拉丁文中，"角色"的本意是指演员在舞台上所戴的面具，是一种用来帮助演员完成表演的工具。在市场营销和工业设计中，"角色"不是戏剧中用来扮演人物的道具，而是用来表示消费者类型和市场细分的参数。

艾伦·库珀（Alan Cooper）最早将"角色"一词引入软件开发行业，用"角色"理论指导设计过程。库珀在开发软件时经常想象用户如何在界面上操作，所以自然而然地想到了这个词。后来库珀从软件开发行业转入咨询行业，他猛然意识到了在开发过程中用

第4章 为消费者赋予个性

"角色"理解用户行为的重要作用。

角色不是凭空捏造出来的,而是在缜密研究的基础上构建的。一个角色可以表示一群真实存在的使用者。虽然角色本身并不是真实存在的事物,但所有相关方都"觉得"它是真的。一个角色可以包括使用者的姓名、年龄、照片、收入及家庭成员等基本信息,还包括使用者喜欢的、厌恶的、关注的东西等信息,以及行为特性、个人见解、技能、人生目标等。更重要的是,角色信息还包括消费者希望从市场上购买到什么样的产品,以及他们希望从产品和使用体验中获得什么。综上,角色体现了其所代表的使用者的需求和欲望。

以用户为中心充分发挥角色作用

如今,角色工具已经在各个领域得到广泛应用。它把抽象的数据转换成可以量化的消费者体验,帮助人们完成数据分析、战略规划、产品设计与创新、客户定位等重要任务,使企业的产品和服务满足消费者的各种需求。

● 数据解读——消费者的购买动机和购买时的思维过程是决定新产品及新服务成败与否的关键因素。然而在实践中,这些关键因素都被埋没在了数据里,没有被发掘出来。纷繁庞杂的数据使人眼花缭乱,而且更大的问题是这些数据缺乏深度和有意义的情境信息,结果就是,新产品和新服务以功能和价格参与同业竞争。实际上,消费者真正想知道的是产品或服务是否符合他们的生活方式以及如何融入他们的日常生活,这也正是设计团队需要事先弄清楚的。角色工具可以引入这些无价的情境信息,从而使消费者的需求、欲望指导产品和服务的开发过程。

● 设身处地,想消费者之所想——角色工具可以在设计人员和设计对象之间建立起一种亲密关系。设计团队在朋友、家人和同事中寻找目标群体,通过移情作用,刻画他们的共性,寻找共同需求,确定设计重点。我们一般都知道什么东西我们绝对不会去买，也清楚为什么不会买，所以角色工具还可以帮助设计团队消除那些扑灭消费者购买欲望的元素。设计人员通过角色联想到的不是抽象的单个用户，而是具体类型的用户，就像演员透过面具可以清楚地看到整个世界一样。这样的面具可以让设计人员豁然开朗，可以一眼看穿消费者最需要什么，什么样的视觉和触觉效果最吸引他们，哪些功能有必要，哪些特性是多余的。

设计中的创新灵感往往来自生活中的实际观察体会。萨姆·法伯（Sam Farber）看到患有关节炎的妻子笨拙地使用蔬菜剥皮器时，便产生了设计 OXO Good Grips 厨房用具的灵感。这种推己及人、换位思考的能力既为消费者带来了便利与实惠，又为商家带来了利润和口碑。

● 还原真实面目，降低风险——用角色呈现数据时，设计人员其实很容易发现与设计理念或公司目标不相关的地方，以及那些来源于真实数据，但并未反映真实生活的角色。因此，我们需要形象清晰的角色，避免模糊角色的误导，降低企业风险。对于那些无法马上识别出的角色，可以充分讨论，深入挖掘它们的作用。

根据自己的使用偏好进行设计，或者依靠猜测用户想法进行设计都是不可取的。正确的方法应该是围绕定位明确的目标用户实施设计过程，所以设计人员需要定义清晰的角色。创新的价值与设计成果跟消费者之间的关联度成正比，设计越贴近消费者，创新价值越高。全球办公家具龙头企业 Steelcase 公司首席执行官詹姆斯·哈克特（James Hackett）有一次问正在向他展示新创意的高管："你们设计的这款产品主要出于对用户哪方面的考虑？"这个问题一语切中要害，直指设计的核心。建立了角色，就说明设计团队已经理解并消化了数据，在此基础上，可以进一步制定设计目标，并对各项目标定义优先级。这样的设计过程可以避免发生那种只为一小部分偶尔有空下厨的人设计复杂烹饪用具的情形。

当跨学科的设计团队精心描绘出角色的样子后，他们可能会立刻把这个形象跟现实生活中的某个人联系起来，其中有人可能会兴奋地说：谁谁谁就是这样的人。在角色形象逐渐具体、逐渐丰富的过程中，设计人员的联想能力会越来越强，他们心目中的角色轮廓也越来越清晰。有人会说："鲍勃绝不会那么做。"还有人会说："特里肯定会有兴趣，但吉尔肯定不喜欢。"他们的联想通常会带来有价值的信息，神奇的设计效果悄然酝酿。在长期、曲折的产品开发过程中，设计人员对角色的理解和联想不断使他们迸射出灵感的火花，让设计路线保持正确的方向。专注目标用户，就能为投资带来最大的回报，而清晰的角色是专注的前提保证。

角色的内涵

不同设计项目有不同的角色，角色越全面、越丰富，设计的水准越高。一般情况下，塑造角色的数据和信息来源于民族志学研究、人口统计资料、市场调研和消费者分析（如图4—1所示）。

● 人口统计资料——企业首先需要利用人口统计信息来了解目标用户的大概数量和他们的购买力水平。人口统计资料可以确保企业在计算可能产生的投资回报率时考虑到所有目标群体，使计算不会出现较大偏差。

● 市场调研——消费者对产品和服务的使用反馈很有用处，设计团队可以认真研究用户提出的问题和建议，以便优化设计。企业可以通过问卷调查、电话采访等方式向用户了解使用体验，也可以在博客、论坛、微博上与消费者互动。

● 消费者分析——亚马逊、奈飞等公司的成功经验已经证明了对消费行为进行综合、细致分析的好处。如果消费者在他们的购物网站上选择了一款产品，网站会自动列出相关产品或选择该款产品的买家所同时选择的其他产品，这些提示就是消费者分析的成果。例如，美国好市多（Costco）连锁仓储量贩店总裁吉姆·辛尼格

(Jim Sinegal）发现消费者的购物篮里经常放着卫生纸和香蕉，于是他决定优先将这两样商品的价格维持在较低水平。

● 民族志学研究——简单地说，民族志学的研究对象主要是人类行为。但它不是简单的观察，而是系统、细致的观察，包括消费者在购买产品或服务过程中各个阶段所花费的时间以及消费者对所处环境的反应。企业通过神秘顾客、眼球跟踪等方式来观察消费者行为。有的顾客在商店里虽然看了半天 A 产品，最后却买了 B 产品，这个心理过程需要认真研究。第 2 章中 Amana 电器的案例充分说明了透彻分析消费行为对于构建角色形象的重要性。

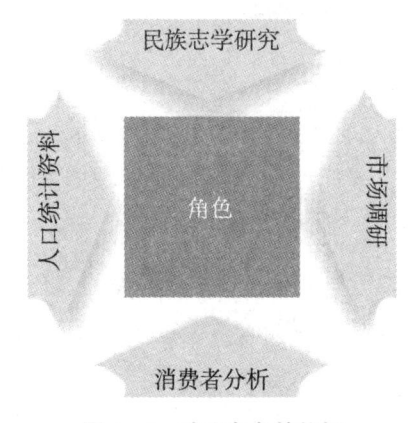

图 4—1 建立角色的依据

角色发展的产物

有效的角色应当具有一定的深度和广度，完整、丰满的角色形象包括轮廓、实景观察、动机和关键卖点（如图 4—2 所示）。

● 轮廓——轮廓是用户类型的整体定位，包括主要的人口统计信息（例如年龄、性别、收入水平、家庭状况、工作地点等）和大致的职业范围，还包括他们接触产品的方式和对设计的态度。有时轮廓还描述目标用户的生活品味，例如他们平时的穿戴、业余时间的爱好、喜欢购买什么样的商品以及喜欢哪些品牌。

图 4—2　角色发展的产物

● 动机——消费者购买某件商品的动机往往难以捉摸。有些人是为了炫耀，有些人是图方便，有些人是想买跟朋友一样的东西，以便更好地融入自己的社交圈。消费者的购买动机可以是完全理性的，也可以是完全冲动的。建立角色时，需要明确具体角色所对应消费人群的购买习惯，掌握他们的购买心理，弄清购买行为的本质。

● 实景观察——设计人员可以对角色对应人群进行一天至一个星期的亲身观察，了解他们平时的工作和生活状况并从中发现他们可能存在的困难。长时间的亲身观察可以发现消费者喜怒哀乐的原因，进而发现他们在心理层次上的需求。设计团队可以根据观察结果找到产品与消费者之间的内在联系，满足消费者的深层需求。

● 关键卖点——虽然消费者对产品存在心理层次上的需求，但产品的具体外观和功能也不容忽视，好的设计可以立刻吸引顾客的眼球，具有关键卖点的商品可以在琳琅满目的橱窗里脱颖而出（如图 4—3 所示）。

尽管角色的建立需要大量的时间和精力，但角色的效用不可估量。建立角色的过程可以发现一些消费者调研报告中没有提到的有价值的内容。设计团队可以从消费者体验中寻找灵感，透过角色来把握市场。

利用角色指导设计

JBL 音响公司找我们重新设计其主打市场的 EON 系列产品时，

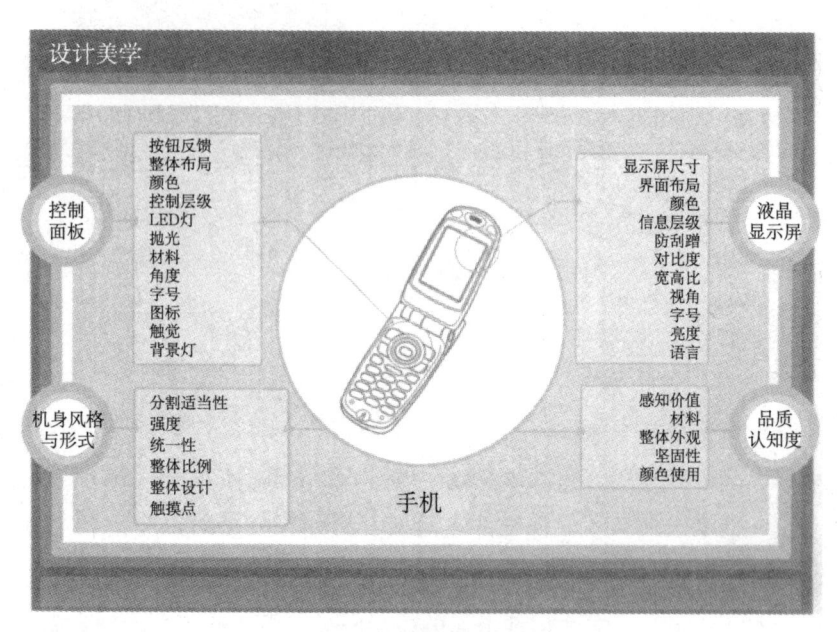

图4—3 手机概念关键卖点

设计美学区域包含：

- 控制面板：按钮反馈、整体布局、颜色、控制层级、LED灯、抛光、材料、角度、字号、图标、触觉、背景灯
- 液晶显示屏：显示屏尺寸、界面布局、颜色、信息层级、防刮蹭、对比度、宽高比、视角、字号、亮度、语言
- 机身风格与形式：分割适当性、强度、统一性、整体比例、整体设计、触摸点
- 品质认知度：感知价值、材料、整体外观、坚固性、颜色使用

中心：手机

我们很快意识到便携式电动扬声器的购买群体已经完全不同了。我们的设计团队首先进行市场调查，从商场到教堂，从公司到车站，我们找音乐人、租赁公司、零售商等各种人群了解情况，也与几十家使用该系列产品的吉他店经理直接对话，从中寻找能够指导我们下一步设计的线索。

经过调查，设计团队有了重要发现：有些人的谋生离不开EON音响。对于许多人来说，EON音响是专业工具，随着市场份额的增加，购买者中出现了大量的"专业消费者"，例如那些兼职的音乐制作人或流行音乐节目主持人，他们需要一套强大、可靠的扬声器系统。设计团队在研究消费者反馈报告时弄清了用户对上市产品优缺点的评价，通过对潜在买家的亲身观察和详细描述，设计人员理解了各类消费者购买该系列产品的不同理由。

在调研的过程中，设计人员听一些音乐人描述了他们一天的工作：早上把所有设备装上车，驱车几个小时赶往演出地点，到达后安装设备、演出、拆卸、再装车，半夜回到家。按照用户的描述，设计人员还原了相同类别、不同品牌音响系统的使用场景，他们发现整个过程中安装和拆卸环节非常重要。对于设备租赁公司来说也是一样，功能强大、运行良好、持久耐用的产品是他们盈利的保障。市场上的同类产品越来越多，竞争的关键是便于拆装。跟大体积的笨重机器相比，轻型机器的安装、拆卸和运输优势非常明显。

最后，设计人员对各种类型的消费人群进行了概括和描述。尽管所有潜在消费者都希望得到卓越的音质，但他们的这一需求并没有给设计团队带来任何启发，因为这是工程师施展才华的领域。设计师需要攻坚的领域主要是外观样式，让自己的产品在越来越多的同类商品中具有鲜明的特点。零售商非常注重款式，但是他们也说不清楚什么样的款式才能吸引顾客。新款音响必须在保证音质、功能和耐用性的基础上，用灵活轻巧的机身让顾客一眼发现自己。设计团队面临着巨大的挑战，他们需要同时满足外观、可靠性和用户体验等各方面的要求。

角色映射

建立角色后，设计人员可以像第 3 章中映射产品那样映射各种角色。虽然起初把人放进坐标轴里感觉会有点奇怪，但认识到这是根据用户体验和具体产品或服务的类别决定的，这种安排就很清楚了。跟产品相同，安排角色的依据也是消费者需求、欲望、心愿的层次（图 3—3 中的纵轴）和用户体验（图 3—3 中的横轴）。例如，可以将具有专业知识的工程师角色放置在右下方的通用象限内，如图 3—4 所示，也可以把非常看重外观、不太在意使用体验的角色放在左上方的艺术象限内。

不要忘记同一个人可以呈现出不同的角色类型。例如，一个女人想买一个式样非常特别的包，这时她属于艺术象限，有情感上的需要，但是她买车时主要考虑安全性、可靠性和价格，这时她属于通用象限。一位成功的单身男士在买车或买衣服时可能会很挑剔，但是在购买厨房用具时就没有那么多讲究了。尽管设计人员对特定的人群很了解,但是在开发新产品时还是应该重新审视他们。他们的生活可能变化得很快,所以要盯住他们当下的状态,理解他们当下的需求,把握他们当下的消费心理。

建立角色需要时时更新,角色的位置取决于分类的合理程度。设计人员一般都很了解市场上现有产品的优势和缺点。在新的分类中,通常根据消费者在购买其他商品时的选择情况对他们的角色进行归类,这个定性分析的过程需要设计人员的从业经验与职业素养,设计团队必须谨慎定位目标用户。

图4—4展示了一个角色所代表的不同个人需求,图中人物的安排仅适用于此分类。

图4—4 手机角色映射

在左下方的基本象限里,玛丽需要一部方便使用的手机,在跟朋友出去玩的时候,可以很容易地拨打和接听。在家里她打电话的时间比较长,开车时她从来不打电话,遇到紧急情况时,她希望能第一时间联系上家人。

在左上方的艺术象限里,凯莉很时尚,喜欢展现自己。她主要是给朋友打电话、发短信,希望拥有一部与众不同、能体现自己时尚风格的手机。

在右下方的通用象限里，特伦特和约瑟夫职业不同，但都经常出差，他们的社交圈很大，需要与很多人保持经常联络，还要用手机查看文件、参加电话会议、管理日程。他们需要一部可靠性高的手机和多样化的服务，所以他们需要功能多、反应速度快的手机。

在右上方的丰富象限里，塞布丽娜和蒂姆看重功能、娱乐性和款式。他们不经常打电话，而是喜欢用电脑打游戏、听音乐、聊天，这些活动占据了他们大部分的业余时间。所以他们需要一部外形美观、功能齐全、好用好玩的手机。

在 JBL 音响的案例中，目标角色要求的不仅是完美的音质，同时还希望实现理想的便携性。虽然在我们调查过的人中很少有人直接这么要求，但通过观察，我们认为便携性是他们迫切需要的。在商场里，我们发现消费者会拎起音箱亲身感受一下重量，他们很清楚自己要把这些东西拖来拖去好几年，所以包装上的净重数字对他们来说没有意义，只有自己动手试试才能获得感官上的印象。

通过角色分析，我们可以得出的结论是：尽管 JBL 在最新一代的 EON 产品上有突破性的技术创新，但音质对于整个产品来说只是最低限度的要求，提升消费者体验的关键在于加强产品的可移动性。总结出新产品的卖点之后，我们开始设计这款集新技术、多功能和便携性于一体的音响系统。

画龙点睛的手柄

虽然目标用户及其需求都很明确，但设计的难度依然很大。例如在教堂或学校，音箱的外观需要融入建筑或内部装饰的整体风格，因为在举办活动的时候，音箱都会被摆在比较明显的位置。同时，音响系统还应该能够强化音乐的感染力，烘托乐队和调音师的专业形象。总之，在各种场景，音箱需要体现音质的效果和音乐的力量。

团队大胆地将通风孔放在了音箱的前面，形成了独特的"前脸",不仅有强烈的视觉冲击力,还能勾起人们对前款产品的美好回忆。敦实、矮粗的机身给人坚固耐用、功率强大的感觉,布满小孔的金属格栅保护了内部组件,加强了质感。这些功能都符合真实使用场景的需要。为了避免机箱磕伤人的膝盖和腿部,也为了避免在运输和搬运过程中机箱刮蹭车厢的内部结构,设计人员去掉了所有坚硬的棱角,这延长了音箱的使用寿命,保护了汽车内饰和装卸人员。在运输途中出现紧急刹车时,由于棱角与车厢内地板的摩擦力很大,会出现音箱翻倒的情况;去掉了棱角,音箱就不会再侧翻了。设计出的样品经过实际使用后证明团队的设计理念完全满足消费者的期望。新一代EON音响系统可以完美融入各种布景的外观和令人震撼的音质增强了音乐家们的自信心,体验者交口称赞。

需要储存和运输设备的租赁公司和个人演出团体面临的一个主要问题是音箱的重量,所以,只要把重量降下来,用户就会喜欢。但是,重量太轻会损害音质,购买者都是音乐界的内行,所以设计人员必须平衡音质与重量。经过细致研究和精心安排,设计人员找到了平衡点,并给音箱加了一个手柄。他们知道,一旦用户握住手柄拎起音箱,他们就会爱不释手。

手柄是用户接触最多的部位,是跟用户进行交流的通道,所以我们对手柄的设计用足了心思。首先,我们要确定手柄的大小、数量和位置,要让用户一拎起来就感觉很轻,还要让用户在挪动和搬运过程中感觉很方便。EON产品最大输出功率为450瓦,内置一个小型混音器,重量仅为15千克,比同类产品轻三分之一。为了充分体现产品运用轻型科技的效果,EON的旗舰型号设置了三个手柄,顶部一个,两侧各一个,每个手柄还缠上了舒适的胶带,精确的人体工程学设计使手柄给手部的压强达到最小,产生了最佳的舒适感和平衡感。

在商场里,位于顶部的手柄起到了关键作用(如图4—5)。我们先后几次在商场里观察了好长时间,发现顾客的反应完全相同。音箱的高度比人的手部略低一点，只要一弯腰就能碰到顶部的手柄，那个手柄就像有了魔力一样，一直召唤着经过的顾客来拎起音箱感受一下它的重量。所有的顾客拎起音箱后，都会再去感受下别的音箱的重量，经过比较，他们又都回到了 EON，露出满意的微笑。

图 4—5　JBL 公司 EON 515 型扬声器

出于对角色的准确把握和深刻理解，新一代 EON 系列产品获得了消费者的推崇。音乐人知道，音箱在他们的表演过程中也在表演，甚至在他们的现场表演结束后仍在"演奏"。EON 实现了余音绕梁的效果。杰克逊法官（Judge Jackson）乐队主唱评价说："像羽毛一样轻。真的是太轻了，太方便了，而且音质超炫！台上三个小时的演出之后，我们已经筋疲力尽，幸好音箱没那么沉，要不我们都回不去家了。"他们觉得音箱是他们的好伴侣，因为它能理解他们，并融入他们的生活。

新的尝试

在今天看来，机箱顶部加个手柄是很平常的，但在当时可不是这样。安装手柄需要精确安排各个内部组件的位置，使音箱在各个方向的重量达到平衡，当时管理人员和设计团队为此争论了好久。而且，单独加一个手柄算不上创新或完美的设计，要做的事情还有很多，包括投入大量资金重新制造模具并改进模具制造的工艺，使手柄成为机箱的天然组成部分，而不是生硬地安装上去的。

给人们带来便利的创新设计有时不一定会得到认可。习惯的力量非常强大，企业和消费者都很难改变已经养成的习惯，有时即使有更方便的产品，他们也宁愿守着旧的不放。以美国的家装行业为例，尽管这些年市场不断扩大，但改善使用体验类的创新产品很少出现，只有荷兰小子（Dutch Boy）品牌在2002年推出了旋盖式油漆桶。之前，人们在色彩、抛光、环保性等方面对油漆做了不少改进和创新，但使用油漆的方式一直延续着古老的传统，打开铁盖、把油漆倒进盘子、再扣上盖子，这个过程难免会把油漆洒到外面，即使是专业的油漆工有时也会弄得里里外外到处都是。其实解决这个问题很简单，但许多大公司都没有拿出方案。旋盖式油漆桶改用塑料制造，重量轻、容量大、体积小，旋转盖子就能把油漆倒出来，不会有油漆残留在桶上，用起来非常方便。拧紧盖子后密封很好，可以使油漆保存更长时间。油漆桶外形还便于存放，在油漆店里，摆放13个老式铁油漆桶的空间可以放14个新式塑料桶。虽然这种塑料桶给生产商、商家和消费者都带来了便利和好处，但仍然有人一直用铁桶。

在JBL的案例中，我们可以提出两个问题，一个是"了解消费者使用体验会有什么启发"，另一个是"如何设计出一款更好的音箱"，这两个问题的答案完全不同。第二个问题主要关注技术和工艺，然而技术可以改进的空间不是很大。对第一个问题的研究产生了手柄的灵感，手柄彰显出音箱的内在品质，使创新技术和工艺外在化。直到今天，EON系列仍然是同类产品中的佼佼者，正是用户与产品接触的那一点触动了音乐人和租赁商。

EON系列的成功不仅要归功于设计团队的创造力与密切合作，还要依赖决策者设身处地为用户着想的职业素养。JBL公司的西蒙·琼斯既是音频工程师又是音乐家，他非常了解用户的心思，别的设计师无法理解的地方他都能理解，他的判断和决策来自亲身体会，他的感受不是理论的，而是真实、可信的，因此整个设计过程赢得了管理团队和设计团队的充分信任。

不难想象,最初发展并应用角色和行为理论的都是高风险领域,例如保险公司、安全部门和军队。如今,公司向市场推出新产品都是在拿自己的品牌冒险。尽管通过观察和交流可以获得大量的信息,但为了降低风险,角色的应用依然必不可少,它在团队合作、战略制定、情感关联、用户定位和用户描述上发挥着重要的作用,明确了设计目的,提高了设计效率。

实践中的人格化和移情作用

观察消费者、听取用户反馈不是新方法,但利用这种方法产生有价值、可操作的对策的过程在不断改进,特别是在推出新产品的时候。消费者调研和用户满意度调查的结果是有限的,有时候不能给出明确的指导。下面介绍几种公司了解消费者的方式。

站在消费者的视角上去观察

英国乐购(Tesco)旗下 Fresh and Easy 连锁超市研究美国的杂货店时,它的管理团队不仅购买一些市场调研报告,还与200多个家庭住在一起,观察他们购物的频率、储存食品的位置、什么情况下去什么样的商店。乐购扩展了商店的概念,把货架摆满,所有商品和价格都可以一目了然地呈现在超市管理人员和消费者面前。宝洁公司总裁雷富礼(A.G. Lafley)每年也要逛几次超市,宝洁的管理人员更是经常去超市查看消费者购买自己公司产品的情况。迪士尼有一个由人类学家组成的小组,他们的任务是专门研究青少年的思想倾向及消费趋势,设法让迪士尼特许经营店内的商品更加吸引女孩,并让男孩尝试更多的冒险活动。

为消费者提供创造自身角色的机会

今天,一些公司已经不再自己生产具体的产品了,他们为消费者提供的是塑造自己角色的平台。社交网站、个性卡片定制网站、网络游戏,甚至整个虚拟世界,都在为用户提供尝试新角色、变换新身份的服务，而且这些公司的业绩都不错。

雇用与潜在客户拥有相同经历的员工

知道潜在客户之后，公司可以雇用一批这样的人，让他们与其他潜在客户真诚沟通，提高成交的几率。美国有些金融服务公司会招聘一些婴儿潮时代出生的人，让他们做电话客服，促使那些养老金遭受损失的人购买他们的金融产品。由于有着相似的经历，客服人员很容易理解打电话的人的需求，所以达成了许多交易，不仅消除了客户的忧虑，还为公司增加了利润。

设计要考虑对立的需求

观察消费者时，要注意到他们的需求有时是对立的，甚至是矛盾的。食品生产商既希望消费者对其产品达到上瘾的程度，又不希望破坏消费者的均衡膳食。电子科技公司设计的产品既需要有强大的功能，又需要有简单的操作界面。时装设计师的作品既要好看，又要让大众消费得起。总之，把对角色的理解巧妙地融入到设计当中既需要重视理性因素，又要考虑情感因素。

第 5 章　把握机遇

当市面上的产品不能满足消费者的物质或精神需求时，机会就出现了，市场上有了新的、没有竞争的空间。企业如果看到了这个商机，就可以根据目标角色的具体需求来设计相应的产品，从而抢占市场先机。

起家之后的挑战

2007 年，处于起步阶段的电子产品公司 Vestalife 推出了一款瓢虫 iPod 音箱作为自己在市场上的首秀。这个有趣的小玩意是由 LDA 公司设计的，其形状像只瓢虫，因此得名（瓢虫的形象在很多文化中都被视为好运的象征）。当音箱合拢时，它是一个直径仅为 5 英寸的球形，当它的"翅膀"展开时，整个音箱有 13 英寸长。这款瓢虫音箱的外观设计在俏皮与成熟之间找到了理想的平衡。这样的设计使瓢虫音箱在赢得儿童市场这个首要目标的同时，还吸引了那些追求与众不同、喜欢特立独行的成年人。

在品种众多的同类产品中，瓢虫音箱脱颖而出，很快成了媒体的宠儿，赢得了 2008 年 iLounge 网站 MacWorld 最佳展示奖及 2008 年国际消费者电子产品展示（CES）创意设计工程奖。iLounge 的首席编辑杰里米·霍维茨（Jeremy Horwitz）说："Vestalife 瓢虫音箱的设计十分新颖，其整体效果远远超出了所有部件的组合……毫无疑问，这是过去 6 年中我们见过的最好的 iPod 音箱设计。"

虽然这早早到来的成功与关注十分喜人，但同时也带来了挑战：

Vestalife要怎样延续瓢虫音箱的成功，将自身的品牌认知度最大化呢？

一个年轻的企业首次获得成功必然很困难，但要想打好第二仗，证明第一次"胜利"并不是因为瓢虫音箱的幸运则更难。毕竟，新成立的企业中有50%在5年后便走向破产。但也不光是年轻企业在推出后续新产品时会栽跟头，摩托罗拉公司就没能延续其刀锋系列产品的成功。

起步阶段的企业都想复制自己的第一次成功，但形势已经与推出首款产品时有了很明显的不同。推出一款热销产品后，进入市场的门槛降低了，但风险增加了。在初期，企业家也许会用所拥有的每一分钱去下赌注，但之后他们便是带着第一次的成功去冒砸牌子的风险。Vestalife的创始人韦恩·路德卢姆想要的不仅是一次大卖特卖；他希望建立一个长久的品牌，这才是对"一次成功是你的幸运，两次成功才是你的实力"这句经典谚语的验证。瓢虫音箱之后的产品将会决定Vestalife最终的成功与失败。

了解不断变化的形势

当Vestalife准备制造其下一批产品时，市场正在发生快速的变化。iPod音箱已经仅仅是苹果公司这款代表性的MP3产品成功衍生出的诸多其他产品中的一种。在这个品种繁多的门类里，iPod显然是领军者，与其相伴的iTunes商店更是扩大了它的成功。到2008年，苹果公司宣布iTunes商店运营5年来用户已经下载超过50亿首歌曲。同年早些时候，iTunes超越了沃尔玛成为美国最大的音乐供应商。iPod媒体播放器不仅是广泛认可的设计上的成功，同时也是一个巨大的商业上的成功，它已在全球销售了2.2亿套。

毫无疑问，iPod相关市场蕴藏着巨大的机遇。然而苹果公司和其他一众竞争者都渴望在iPod相关配件这个不断壮大的市场中分一杯羹。为了制造更大的影响，Vestalife需要一个能让自己的产品比肩领军者苹果公司的设计，要达到这个目的，Vestalife需要为苹果

第5章 把握机遇

公司这家世界上最具市场吸引力的公司创造一个合适的环境来连接重要受众。

MP3播放器市场吸引了包括专业人士、上班族以及健身发烧友在内的广泛的消费者群体。同时，在线音乐市场逐步成熟，从曾经的只吸引青少年群体向吸引年龄更大的消费者群体发展。如今，音乐网站的用户中有56%是女性。

早在2006年，高新产业就开始显现出转折点，女性在该领域的力量愈加凸显。*Microtrends*杂志的作家马克·佩恩（Mark Penn）和金尼·扎莱纳（E. Kinney Zalesne）创造了"技术红颜"一词，强调了女性科技产品消费者的如下趋势：女性与男性在科技产品方面的消费比是3∶2，女性2006年贡献了57%的科技产品购买（约9 000亿美元）。他们指出，女孩比男孩更喜欢用手机、数码相机、无线产品和DVD录放机。女孩唯一落后的领域是便携式MP3播放器和视频游戏机市场。他们在反复研究后发现，女性对于科技产品表现出不同的重点、倾向和关注点。她们希望产品轻巧、耐用、实用，而不是快速、有棱角或是有上千个平面……其实所有年龄段的女性对于科技产品和对时尚一样喜欢……很快有一天，会有人开发出一种全新的方式，留下的是一个有潜力的市场，是最大、发展最快的科技版图中的一块。如果你是一位"技术红颜"，那么你并不孤单……你只是需要有人出现，听听你的意见。

马克·潘恩和金尼·扎莱纳指出，像任天堂的Wii游戏机和戴尔的设计改进等成功案例就是典型的将产品设计成对男性和女性都有吸引力的例子。瓢虫音箱的早早成功让Vestalife尝到了寻找新消费群体的甜头，然而它早期对于市场的选择有些过于集中，无法创造在大众市场范围内的成功。要继续向前发展，整个公司以及设计团队很清楚，新产品既需要和女性群体有共鸣，也需要吸引年轻男性。苹果商店（Apple Store）这一渠道对于成功和影响力十分重要，新的产品要能让消费者像下载自己喜欢的歌曲一样展示个性。

发现后续发展的机遇

Vestalife 知道，鉴于它希望扩大生产线，其第二年的产品必须要超越瓢虫音箱的首秀成功。为实现这一目标，Vestalife 请我们的团队帮助他们认清并抓住市场中的新机遇。

iPod 音箱竞争格局的心理美学图示显示，当前市场上大部分产品的设计理念都是黑白、长方形和平面形状，大部分竞争的关注点依然是苹果公司的产品，而不是消费者本身，也没有从 iPod 附件设计中找寻灵感。

我们的团队考察了 iPod 用户群体。瓢虫音箱的定位是儿童和青少年这类不是很受关注的消费者群体。剩下的市场大部分是吸引年龄较大的消费者和实用主义者，并且大部分都是不太关注审美、对技术有清晰认识的男性消费者。但在右上角的丰富象限中有明显的市场机遇，可以在最初的瓢虫音箱用户开始成熟后依然留住他们，同时吸引年龄更大些但需要更多复杂设计的用户。于是我们将主要用户设定为少女及年轻女性，第二目标为年轻男性，年轻男性已经有了专门为其设计的产品。所有目标消费者的共同需求是拥有彰显个性的产品，需要尽可能地突出自我。在牢记这一原则后，我们的团队列出了一个清单，做出的设计不仅和 iPod 连接，而且和 iPod 目标用户相连接。

尽管 Vestalife 在 2009 年只计划推出一款后续的音箱产品，但它有了两款产品的初步设计：萤火虫音箱和螳螂音箱。萤火虫音箱形状迷人、生动，风格成熟，对男性和女性消费者都具吸引力（如图 5—1 所示），而螳螂音箱则有更多的女性特质（如图 5—2 所示）。这个设计灵感来源于著名的法贝热彩蛋，它以精美的工艺、丰富的细节和隐藏的惊喜而享誉世界。

这两款设计都来源于最初的瓢虫音箱。有角度的、隐藏的合页可以让萤火虫音箱不仅能向两侧打开，还能轻轻向前移动，呈一个欢迎的姿势。螳螂音箱打开时像一个珠宝盒，展现出了音箱和 iPod

底座所"隐藏的魔法"。

　　这两种音箱都设有可更换面板，消费者可以装饰音箱底座。这就可以让消费者定制自己的萤火虫，展现自己的个性。Vestalife 还移花接木，继续在 Element 滑板公司和奢侈品经销商 Henri Bendel 的新产品上沿用这种可更换面板的设计。个性化得到了突出，同时还创造了一个重要的二级市场——艺术家们的定制装饰可以用来装饰面板。

图 5—1　Vestalife 公司的萤火虫音箱（设计效果图）

图 5—2　Vestalife 公司的螳螂音箱

　　设计团队从其所做的调查中看到了和新用户建立联系的机会。他们推出了一个产品增值计划，设计了基于扬声器设计理念和属性的双耳式耳机和耳塞式耳机。我们的设计师意识到，这会让 Vestalife 的消费者产生与该品牌的持续性联系。

　　这些设计是针对追求时尚的年轻女性的，并将时尚和珠宝饰品的吸引力带到这些设计中。而竞争对手的产品大部分是运动型或技术型设计，因此 Vestalife 在双耳式和耳塞式耳机设计中加入高端时尚元素的战略是正确的。这些设计要有古典优雅的风格，这样才能与年轻的时尚先锋的领军人物有情感上的共鸣。

　　双耳式耳机和时尚这两个词同时出现似乎很不协调，因为大多数双耳式耳机都会弄乱人的发型。我们的设计师针对这一由来已久的问题，拿出了解决方法。Pi 耳机本身的时尚头带成了发型的一部分，并且头带是布艺的，衬垫可更换。消费者可以通过装扮自己的耳机来展现自己的个性。耳机的衬垫可以随意更换，因此消费者可以用耳机搭配自己的着装风格或当天的扮相。设计团队还设计了三种耳塞式耳机，每款都有自己的风格，它们更像是耳饰而不是耳机（如图 5—3 所示）。

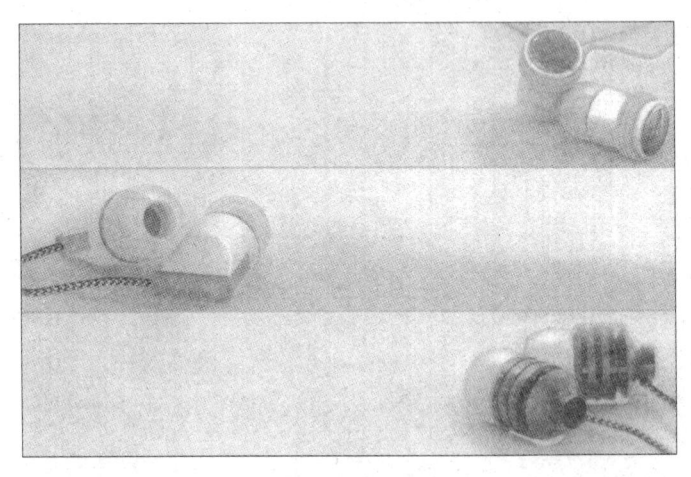

图 5—3　圣甲虫、蟒蛇和大黄蜂耳机设计（从上至下）

　　这三种风格的设计都从高端时尚中获得了灵感，将 Vestalife 的标识刻在了显著的位置。传统耳塞式耳机的设计都仅限于耳塞部分，但对于大黄蜂、圣甲虫和蟒蛇三款耳机而言，我们的设计团队将重点放在了耳机线的设计上。像对待珠宝设计一样，他们认为耳机线也应该展现出来。他们用布艺材料缠耳机线，这样耳机线就从不起眼的部件转化为一种类似项链的装饰。Vestalife 耳塞式耳机的每个细节都需要能看到，而不仅仅是听到。最终，这些基于时尚设计的耳机组成了一个整体，吸引消费者购买更多款式的耳机，展现更多

赢得市场的战略

Pi 耳机和大黄蜂、圣甲虫及蟒蛇耳机在发售前的预览环节中激起了媒体的兴趣,赢得了比预期多很多的零售商订单(见图5—4)。这些设计以及萤火虫和螳螂音箱让 Vestalife 公司把其包括 iPod 音箱在内的所有苹果商店中的产品都成功推向了市场。

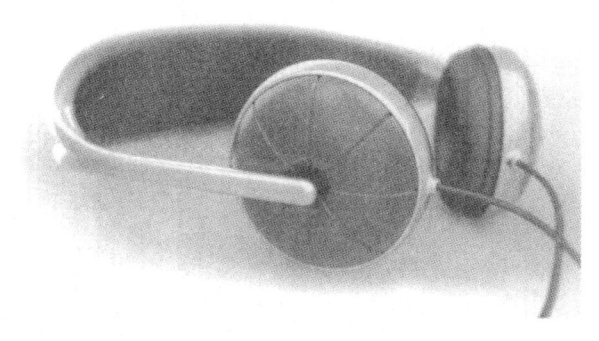

图5—4 Pi 耳机

善于发现机遇才能抓住机遇

Vestalife 成功打入苹果产品市场的实例为这家小型企业提供了实现基业常青的机会,它对市场的理解使其做出了一系列的正确选择。由于资源及目标消费者越来越多,所以选择并不总是那么简单。把握机遇的第一步是发现机遇,成功的创新需要发现合适的消费者、策略和设计,将这几部分割裂对待则不会收到理想效果。如果同时评估消费者和竞争者,那么制定连贯的策略就会容易一些,风险也会降低。还需要发现在消费者情感需求与个性方面市场中还缺少什么。竞争格局中的这些空白就是我们所说的机会领域,是消费者未得到满足的那些需求与渴望。机会领域是将市场与消费者综合考虑后发现的、未得到满足的需求,然后就可以在抓住消费者想象力的同时掌控市场份额。

填补空白的重要性

创新的过程永远是发现的过程。但考虑到将一个概念引入市场所需的时间与精力，创新不应该是个机会问题，发现机会领域的空白是十分重要的。利用心理美学图示可以发现空白并与未得到满足的消费者建立联系，继而加强与消费者的联系，找到创新的新思路。

● 锁定目标，确定发展方向——比尔·科斯比（Bill Cosby）曾经说过："我不知道成功的方法是什么，但我知道失败的方法是试图取悦所有人。"虽然科斯比可能并不是位伟大的商人，但他的这个观点还是很正确的。想取悦所有的消费者只会让产品的发展失去关注度。太多的设计重点会将过程与结果都破坏掉。

另一方面，清晰的、引人注目的发展前景能让不可能变为可能。比如塔塔（Tata）汽车公司的 Nano 汽车就是看到了制造一辆 2 000 美元汽车的机遇；MySpace 网站为青少年创造了一个既能标榜自我个性又能融入群体的平台；Flip 便携摄像机通过简明的设计理念和更好的用户体验赢得了市场。了解想达到的目标与结果可以帮助企业建立一个清晰的目标，让所有利益相关方在开发过程开始时就心中有数。

● 与消费者建立联系——如果你不知道消费者是谁，你不可能和他们建立联系。在你了解了谁会进入到机会领域之后，你才能知道如何与他们建立联系。事实上，你已经知道如何与自己的不同角色相联系。如何与机会领域中的不同角色群体相联系，是总结并触发目标用户群共同特点的过程。

● 制定可行的计划——大多数产品的制造过程要求规划阶段的想法变为可行的计划，这就保证了设计团队和决策团队都能理解设计的目标。计划应当灵活，但目标要明确。可行的计划是在明确了机会领域后和所有利益相关方共同制定的。早期阶段大致的策略重点有如下几点：

- 新的消费者——发现潜在的新消费者是机遇的重要来源，不论是成熟市场还是发展中的市场。以社交平台 MySpace 为例，它的发展动力是青少年通过其网站与朋友相互交流，而像脸谱、推特、iPhone 等新的社交网站与设备能吸引不同年龄层次的人。当发现新的消费者后，对于他们个性的分析会有助于创新。

- 新的渠道——记录人们的习惯、喜好以及在不同渠道花费的时间，这是理解为达成目标所采取的新方法的基础。购买的经历是否是接受某产品的关键？在人们考虑买下某产品前是否需要了解该产品并进行测试？在某种渠道提供产品会冲淡还是会增加产品设计的吸引力与可信度？为目标人群回答这些问题对于了解机会领域至关重要。

- 新的商业模式——奈飞公司发现，有消费者喜欢看电影但很反感还录像带和缴纳超时罚金，因此它开创了新的订阅模式，无须支付超时罚金。

在电视行业中，决策者们试着开发附加市场，以弥补因 Tivo 电视录像机在播放广告时快进功能的使用而损失的广告收入。聪明的编剧们甚至在创作新剧集时也发现了类似的空白机遇。美剧《欢乐合唱团》讲述的是一个失败的合唱团重整旗鼓的故事，该剧集通过在 iTunes 上销售演员们演唱的歌曲获得了额外收益。而 ABC 电视台的《灵书妙探》则更进一步，将剧中作家"写"的书出版发行。这一招的聪明之处不仅在于可以借助该剧集挣更多的钱，同时也是一个与观众进行深入联系的方法。电视观众会相互分享彼此的感受，有了这本书之后，他们还能和剧集中的角色们分享感受。这是一种新的商业模式，增强了消费者与剧集间的情感联系。

想要找到技术领域之外的创新机会，就要看看目标消费者的需求是否已经发展到了超越当前市场中产品的程度。你所在的行业中与众不同的商业模式是怎样的？关于分配、渠道和空白市场的假设有哪些？研究一下这些假设是否能满足最终用户的需求与喜好，如果能，那么会有很多机会为你的目标消费者进行创新。

发现机遇

在第3章"描绘未来"中，我们学习了如何根据消费者体验勾画出产品或服务的竞争格局，在第4章"为消费者赋予个性"中，我们描绘了人的个性。现在我们要把以上结合起来，描绘出机会领域。因为产品和消费者都在同一个坐标图上标示，因此个性图和产品图是重叠的，这样才能看出哪些消费者和哪些产品相联系。这一过程可以从以手机市场为例的图示中看出来，如图5—5所示。

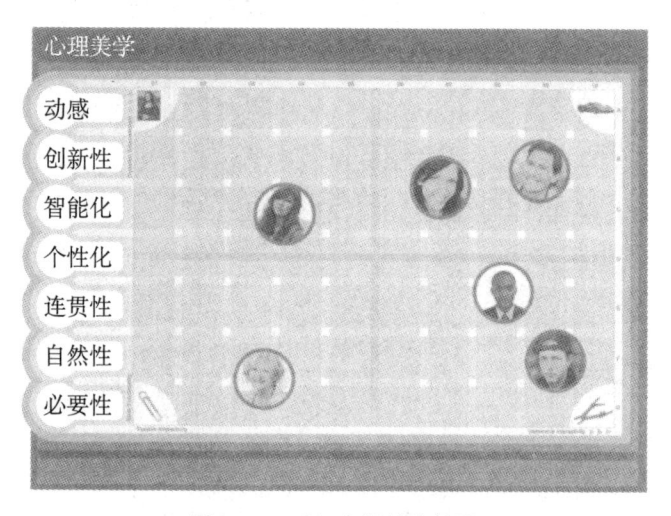

图5—5　手机市场的个性图

现在我们来重新回顾手机市场的个性图，它展示了人们在选择手机时互动性与体验的程度（见图5—6）。以消费者的需求、生活习惯和个性为基础，我们对于消费者想要什么、他们会买什么特点和价位的产品，以及他们在其他领域的消费行为有了很好的了解（从日常用品和其他体现个性的商品中总结得出）。

机会领域是尚没有产品能满足人们某种角色需求的领域。这些角色代表的是不同层次的消费者，他们可能很不一样，但有某些相

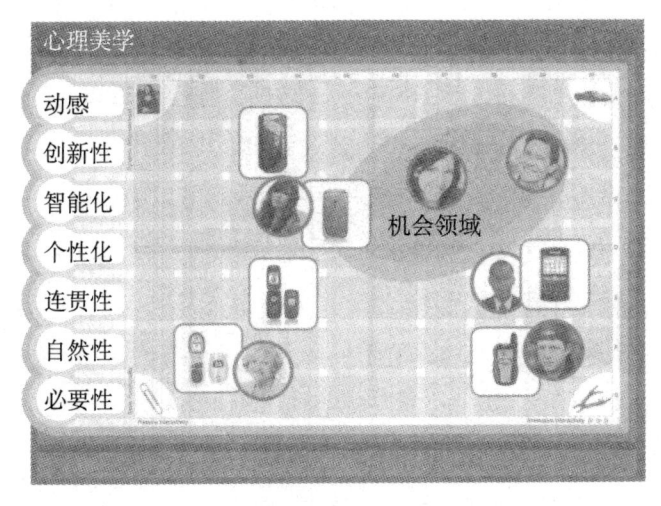

图 5—6　手机市场的机会领域图

同的需求和渴望——尽管可能程度不同，原因也不同。例如，高收入阶层的人士、新生儿父母和生态主义者可能都对有机食品感兴趣。消费者类型很不一样，但他们都把健康放在第一位。

当个性图与手机市场已有的产品图重合时，大部分消费者都至少买过一些符合他们需求和个性的产品，如图5—7所示。但塞布丽娜和蒂姆并没有什么特别满意的产品。这些处在"满意"边缘的消费者已经有一部手机，但如果有更好的选择的话他们很可能会买一部新的。凯莉是个喜欢时尚的消费者，如果一部手机能让她社交圈更广、看上去更有吸引力，她可能也会换一部新手机——但她是次要目标。

我们可以看到机会领域图能给人以启示并发掘新的市场。设计风格、计算与产品功能的结合创造了前所未有的互动与体验，产品与目标消费者以及其他消费者均能产生共鸣。如果界面更简洁、价格更吸引人的话，基本象限里的玛丽可能也会感兴趣。如果产品足够可靠，特伦特和约瑟夫可能也想再买一部手机。一个能满足目标角色需求的产品通常也能赢得一些非目标消费者。

当你发现了目标个性时，你可以回头寻找他们的消费动机以及

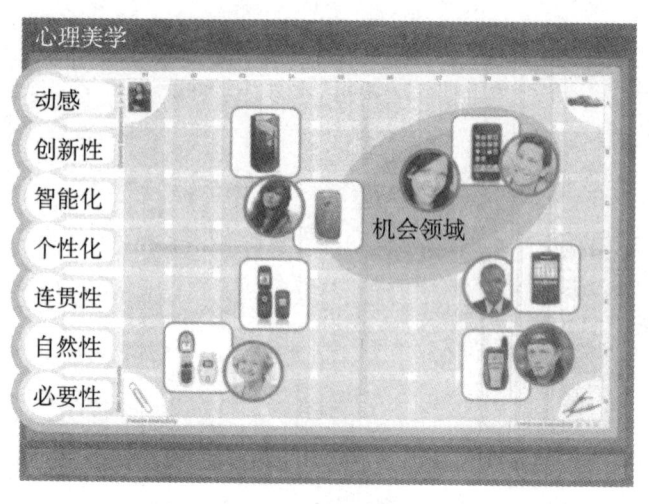

图 5—7　从机会领域图到制胜设计

他们的兴趣点，以此为设计过程服务。通过分辨不同个性的需求，我们能有选择地将他们的兴趣点结合，来吸引更多的消费者。

选择合适的机遇

没有哪家企业会不认同与消费者建立联系的理念，但困难在于如何做到这一点。结合关于消费者是如何思考和做决定的调查中反复出现的案例，我们可以得出结论：消费者在寻求意义，产品就是营销手段，消费体验最为重要。许多消费者经常不知道如何解释他们的购买动机，这就是让情况变得复杂的原因。

因此，发现机会领域比发现消费者未满足的需求更难。机会总比资源多。决定发展的方向需要自我认知与对消费者的洞察力。想想你的公司可以在哪个领域更可靠、更有活力、更有利润。通过提高自身和在已有的消费者与产品领域创新，很多公司发展得很成功。即使这是最终的决定，了解哪里还有尚未发现的机遇以及消费者未满足的需求依然非常重要。从这些角色中总结出来的经验可以指明未来发展的方向，提供发展的远见。

如果遇到了战略方向不明确或者很多目标都很有吸引力的情况，

第 5 章　把握机遇

团队应当提出如下问题并寻求共识：

- 核心消费者是谁（包括人口统计以及心理统计两个角度）？谁处在边缘位置？谁可能会购买产品？

找到核心消费者变得更加困难了，因为消费者比以前的任何时候都有了更多选择。Cheskin 公司的戴劳尔·雷亚（Darrel Rhea）通过观察指出："当前，某个国际市场的设计意味着给 20 个国家的人制造认同感……"当有争议的概念上升到了国际层面，就必须在更早的发展阶段考虑价格和收益。像塔吉特百货这样成功的公司将它的关注点放在了女性身上，然而它的影响力远远不止于此。

- 某种策略要解决的主要的消费者痛点是什么？解决这一问题后能否创造持久的市场份额？

每个看过夜间广告的人都知道，不是每个消费者的问题都代表一个很好的市场机遇。如果有的痛点会让大量的消费者不去购买该商品，那么这些痛点就应当被重视。这种策略能有效地节省时间和成本或提高产品的趣味性和乐趣吗？如果答案是肯定的，它能影响多少目标角色？每个角色代表多大的市场收益？

- 这种策略会产生哪些情感收益？

团队针对的每种角色都需要有清晰的收益。除了一个好的产品或服务之外，消费者还需要哪些情感收益？小额信贷提供者会让那些小额贷款的用户看到他们的投资能做得很好并且会推动整个世界的发展。如何做到持续性？产品和服务为消费者提供的情感收益越高越好。

在发现机会领域的过程中，清晰明了十分重要。正如 Pure Digital 公司的西蒙·弗莱明-伍德所说："知道你不能做什么也是策略的一部分。" AOL 公司多年以前的著名理念是："将产品简单化，让你的奶奶都会使用"。发展到现在，市场已经有了翻天覆地的变化，但技术研发者仍然知道不能忘记奶奶辈的老人们。Brady Bunch 公司的弗洛伦斯·亨德森（Florence Henderson）开创了 FloH Club 技术支持热线,帮助那些想了解他们新产品和服务的老年人。亨德森说:"你不用再忍受你的儿女或孙子孙女们朝你翻白眼或是对你生气了,你和你的家人们没有了代沟……你再也不用因为问他们这个怎么用而感到尴尬了。"

真正的力量

使用心理美学图示找到机会领域并和消费者建立联系之后,你会发现很难想象使用其他方法。心理美学图示能提供关注重点、发展远见及可靠策略的重要参考。

所有团队都需要提高效率、减少风险并找到新的创新机会。发现机会领域就要做到上述几项,并提供更重要的要素:联系。

观察在同一张图中市场和消费者的演化过程至关重要。机会领域可以让团队了解未被满足的需求,并为他们提供方法,试着满足那些未满足的需求。找出机会领域,做好备选方案,然后确定战略方向及大致的设计重点。

利益相关者也应清楚地知道在产品推广的各个阶段哪些消费者是重点。对 Vestalife 而言,抓住年轻女性群体对于其打造品牌、发现未触及的市场空间十分关键。同时,Vestalife 知道还有其他一些领域包含自我表达的需求,这一点也指导了整个设计过程。新的特点以及个性化的平台吸引了不同的人群。

在发展的早期阶段,应当有意识地去发现能联系目标个性的重要渠道。以 Vestalife 为例,关键渠道是苹果商店。通过填补 iPod 美学方面的空白,Vestalife 的设计让其产品的影响在最有接受力的群体中最大化。Vestalife 知道产品的定价和制造都必须支持该渠道的定位,并据此设计商业模式。

机会领域的真正力量在于帮你了解目标消费者被忽略的细节。他们曾想找到能真正建立联系的方法,但他们没能成功,市场忘记了他们。不管消费者是否已经进化到了超越当前产品的状态,或者他们干脆跨过了某一阶段,这些消费者都一直在那里,等着你的团队去理解他们,听取他们的需求与渴望,帮助他们实现梦想。机会领域能帮你发现他们在哪,并找到接近他们的方法。

三个基本问题

对吸引不同个性所得到的收益进行头脑风暴能产生很多新的选择,但随之而来的也有困惑。很多情况下,策略没能始终得到执行,因为团队可能被其他特性所"诱惑",而模糊了他们的关注点,削弱了潜在的影响力。在创造心理美学的过程中,认知人类学者鲍伯·德意志与RKS合作开发了一种通用框架,用来描述消费者在市场上选择商品时的思维过程。通过与德意志博士的深入讨论,我们将心理美学与吸引消费者注意力的特殊设计属性联系起来,德意志博士解释说,对于视觉刺激,(潜意识里)人们会问三个简单的问题:

这像我吗?消费者第一次看到新的设计时,这个过程就开始了。如果这个设计很吸引人,消费者会想与其互动,开始是试探性的,但之后会受到指导者(在这里是设计本身)的鼓励去接触产品。

适合我吗?消费者提出这个问题就意味着他已经过了第一阶段,开始考虑产品的实用性并试着与该设计建立联系。

它能让我得到更多吗?消费者开始更深入地发掘设计,他对该设计的发现与理解足够让他判断该产品能否让他受益,并且开始想象购买产品后的收获。

接近目标消费者的方法在很大程度上是通过在设计过程中回答这三个问题发现的。

第一部分 结论

我们听到越来越多的人说："我们不想谈策略了，我们知道竞争是什么样的，流行趋势是什么样的。你能给我们看一下设计吗？"这个频繁出现的问题证明了设计在企业战略和天生不断变化的竞争中的重要地位。现在，竞争已不仅仅是创造观点来指导发展策略，更要在高级设计中展现观点。

成功的企业总会在设计领域拥有一席之地，不论地盘的大小。在发展过程中创造新的产品、服务、体验及情感联系是企业与品牌发展的关键。这些联系不是单纯的美学概念，而是对消费者需求和渴望的理解。当今的设计必须坚持关注消费者体验的企业理念，制定相关策略然后坚决执行。

正如柏拉图说过的："一项工作最重要的部分是开始。"设计过程的开始对于最终的结果有很重要的影响。理解不同消费者的情感动机应该成为利益相关者从一开始就明确的目标。否则，企业内部和市场的变化会让决策变得费解，而不论新概念有什么好处。因此，接受新概念的挑战不仅在于要改变已经养成的习惯，还要激发新的行为。设计并不是设计师工作中最大的部分，那只是他们制造因果关系的工具。而消费者对于设计怎么看并不重要，重要的是这个设计让他们对自己感觉怎样。如果设计战略既能满足消费者的情感需求，包括克服情感障碍，又能有合适的质量、功能和价格，那么这样的设计战略才能成功。总的来说，企业可以通过关注以下几项重点来节省时间、降低风险：

● 降低复杂性。没有企业能通过增加更多的统计数据、财务预测或者日常信息来实现创新。我们并不是说数据不重要，但缺乏消费者背景的数据会使发展方向偏离轨道。

● 将消费者体验作为合作的基础。在消费者背景下描绘设计过程能打破组织中的一些壁垒，让每个人都有机会参与到设计过程中来。每个人都是消费者，都能分享如何提高用户体验的观点。理解不同个性和个性可以随时间变化的事实可以帮助我们明确重点，做出设计和投资的决策。

● 利用图示来指导工作。用图示将产品与用户个性的需求与渴望标注出来能让设计过程更加清晰，从开始阶段就获得认同感。这不仅是了解如何吸引消费者的有力工具，还是增强可操作性的策略。深入的消费者观点能揭示出删除的部分是像剪掉的指甲一样微不足道还是像摘除某个重要器官那样关键。心理美学图示提供的可视化理解能对实际情况做出评估，并作为贯穿设计与创新过程的标尺。

图示中并没有某个企业必须寻找到的理想区域，发展方向应当由消费者需求和企业自身战略来决定。在每个象限都有利润高、声誉好的企业，它们的共同特点就是能看到市场中产品与消费者需求之间的空白，并利用成功的设计来填补空白。

● 选择指南针，而不是 GPS。发现机会领域，将团队的注意力集中在几个重点上可以提高成功概率。这些将构成设计过程中试验的基础。关键是要有清晰的发展方向，同时允许大家采取不同的方法。

回顾我们讨论过的例子，我们可以思考一下设计在推动企业实现自身战略目标的过程中所扮演的角色。在带来经济效益的同时，设计也帮助企业与消费者建立（或重新建立）了联系。心理美学图示让企业理解了市场和消费者是如何演化的，是一个有效的理论依据。机会领域可能在图中的任何一个位置，这主要与行业模式有关。

Amana 公司

在 Amana 的案例中，心理美学理论的重点放在了外观的改变上，以增强消费者体验，同时还满足了成本与时间的要求。Amana 的产品尽管质量很好，但它陷入了消费者眼中的商品陷阱，很大程度上是因为其糟糕的设计（见图 A）。通过选择提高用户体验的设计，并在设计中反映生活方式的重要变化，Amana 的产品从单纯的商品变成了有着丰富内涵的产品。这一转变让 Amana 与女性消费者重新建立了联系，而女性消费者大多数情况下是做出消费决定的人。与此同时，该品牌的形象也提高到了和其品质一样的地位。新的产品让消费者感觉自己成了更好的培育者和管理者。当时，该行业的领军者美泰克公司很快便收购了品牌复兴后的 Amana。

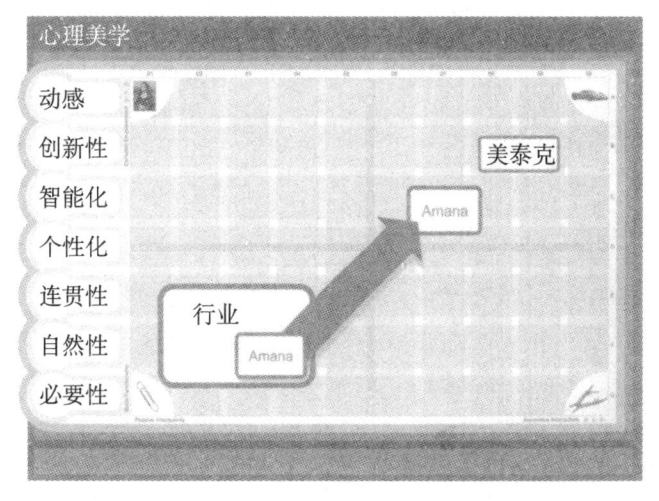

图 A　Amana 行业定位的心理美学图示

Flip 便携式摄像机

Flip 便携式摄像机并不是我们公司设计的，但它是通过重新思考消费者体验而改变了行业的很好例子（见图 B）。在这个案例中，改变消费者体验的想法激励着从概念到现实的产品发展过程。Flip 公司知道其想要带给消费者的利益，并以此为重点进行产品设计。尽管这个类型的大多数产品都在增加产品特性（很多都属于通用象限），但利润却在逐渐减少。Flip 公司通过简化操作、增加个性风格拓展了市场。女性消费者、大学生以及那些不喜欢传统摄像机的人们进入了市场，而且大量的消费者在已有一台摄像机的情况下还购买了 Flip 便携式摄像机，因为他们讨厌复杂的操作。这个新的设计让人们对于摄像更有信心，分享起来更加简单有趣。

图 B　Flip 摄像机行业定位的心理美学图示

JBL 公司

　　JBL 公司的 EON 系列音箱是个典型的在品牌价值需要重振之时创新成功的案例。原来的 EON 音箱远远胜过其他竞争者，但产品间的差距在逐渐缩小，JBL 必须创造出一种设计，展现其高质与轻重技术（见图 C）。通过设计，它重新获得了市场地位，并与大量以音乐谋生的消费者们建立了联系。

第一部分结论　　　　　　　　　　　　　　　　　　　　　　　　　　　　81

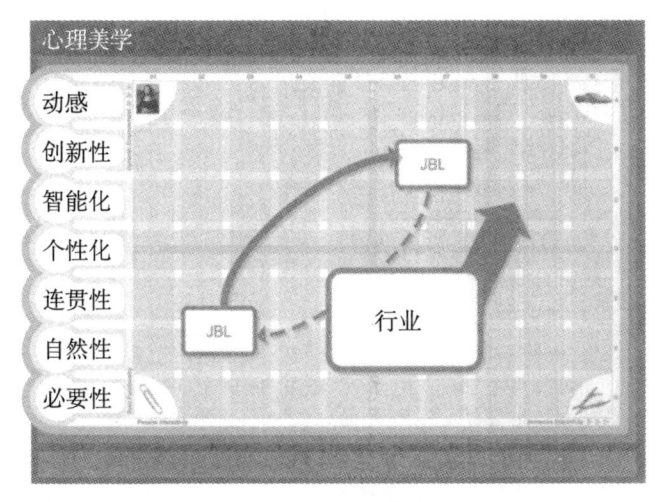

图 C　JBL 行业定位的心理美学图示

Vestalife 公司

　　Vestalife 凭借率先为年轻女孩制造 iPod 音箱打入了同类产品繁多的市场，其初期阶段的设计是艺术性的。基于心理美学图示的设计，它创造了产品推广策略，拓展了机会领域，囊括了更多的角色，最终进入了梦寐以求的销售渠道。其产品让消费者在享受 iPod 的功能和美感的同时表达了自己的个性（见图 D）。

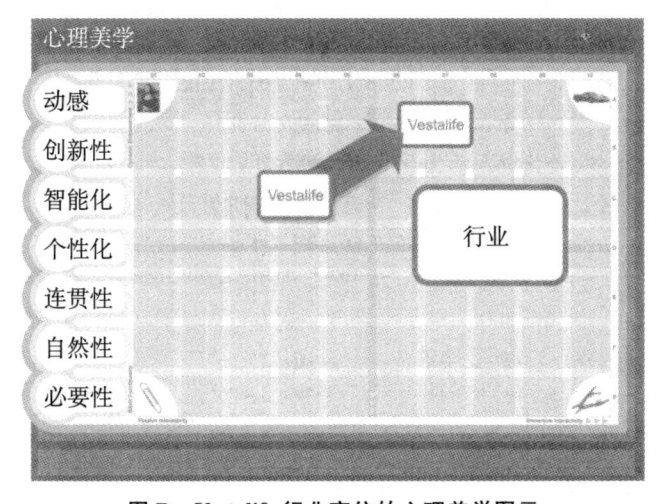

图 D　Vestalife 行业定位的心理美学图示

将利益相关方团结在设计策略周围是成功的关键。我们看过的很多糟糕的设计都是失败的合作所导致的，而并非缺乏设计的技巧。设计师的草图与部门经理的电子表格的目的其实是一样的：描绘未来发展的可能性。结果出来之前很难说谁的想法是正确的，有时决策者和设计师截然不同的想法会让设计过程很难取得理解与共识。尽管市场与财务部门可以依据数据理解彼此，但在设计师和决策者之间，必须依靠工具与方法来保证透明度。这种透明度能给企业信心，做出大胆的决定，进军新的市场。设计不是战略风险，相反，它是种战略保险，能保证投资在市场中得到回报。

第二部分"设计战略的实施与消费者体验"将说明如何有效地执行设计策略，深入分析实际情况中的原型设计和反馈过程、校准以及测试等。我们会用不同的案例分析来说明在设计实践中如何处理情感要素。"市场的成功是由设计者会为消费者带来怎样的感受所决定的"，我们将讲述如何从哲学家约瑟夫·坎贝尔那里获得灵感，利用其"英雄的旅程"理论来影响消费者的购买决策，并为消费者创造"真理瞬间"。将上述内容整合到一起便会取得"可以预见的神奇效果"，达到企业和消费者双赢的结果。

第二部分

设计战略的实施与消费者体验

第6章 完成设计过程

　　将研究和见解转化成实际设计就好比公司将战略转化成金钱。对研究的纯统计学解释就像是只看后视镜和侧视镜驾车,只有在行业定位、角色管理和机会领域的综合指引下,我们才能看清前方的道路。

　　凭借着灵感和想象,我们得以完成创造、检验、再创造、再检验的循环往复过程。在这个过程中,我们始终试图强化用户与产品之间的情感联系,这种情感联系也从始至终指引着我们的设计方向,不断提高着我们的创造和创新能力。

　　正如美国最畅销的直立真空吸尘器的设计者、世界上最富有的工业设计师詹姆斯·戴森(James Dyson)所说:"每个人都会萌发一些创意,但他们要不就是太忙,要不就是缺乏自信或一定的技术能力,最后未能将这些创意转化成实物。"谁都不可能轻易获得成功,即便是对于像戴森这样的具备了成功必备特质的人来说也是如此。从他的成功故事中可以看到坚持的重要性。在戴森的想法最终在市场上获得成功的背后,是5 127个设计模型,常年累积的债务,还有好几场缠身的官司。始于剪刀和胶带的设计最终铸就了他成为领先创新者的全球声誉。

　　无论设计过程是源于战略考虑还是个人灵感,实现这个构想的道路都基本相似。然而,一个伟大的设计不见得就能被转化为商业上的成功。宣布一个设计获得成功所冒的风险跟过去相比有了很大的不同。在过去,设计任务的终极目标常常是上交一个有可能实现的蓝图,之后需要制作一个模型,使纸面上的设计具象化,然后拿出具备全部功能和工程细节的样品，接着，设计师就立即专注于生产细节了。如今，设计战略包括从绘制草图到描述用户使用体验的全过程。要想做到这一点，商业模式、分工、预算等具体条件都要结合到设计过程中去。在此分享两个有关创意的小故事，它们不但获了奖，还改善了使用者的生活质量。但一些微小的执行细节导致其中只有一个创意获得了巨大的商业成功。

从吉他架到吉他

由于察觉到现有的吉他架有些过于笨重，它们是采用管状金属制作而成的，使用起来很笨拙，而且也不太美观，于是 RKS 公司的设计团队提出一项任务：设计一种新的吉他架。有趣的是，项目经理保罗·亚诺维斯基（Paul Janowski）回复说："我们为什么不设计一种新的吉他呢？"

这个想法有点过于疯狂，以至于超出了公司所有人的想象，包括那些对音乐一窍不通的人。当时，电吉他已经几乎 50 年没有发生任何变化了，它已经成为一个标准，一种符号。一个毫无音乐背景的设计公司如何能完成这项设计呢？这不是靠短时间努力就能实现的，它需要在整个研发过程中对设计和商业决策负起完全的责任。不过，这项使命也是非常令人激动的。拉维的动机很简单："我属于听摇滚乐长大的一代，不仅仅把吉他当做一种乐器……吉他是一种社会符号。通过这样一种工具，诗人和音乐家才得以用音乐这种世界通用语言把我们连接起来。而吉他更是超出了这种意义：它对于设计者来说则提供了一个难得的机会，让其创造出一种更具生命力的工艺品。"

一个漫长而令人振奋的设计过程开始了，这是一个从创造到评估，然后进入再创造的不断循环的过程。无论你是创作一首歌曲还是一个故事，创造一项服务还是一种产品，整个过程都需要投入同样的爱与执着。从简单的草图到复杂的 3D 透视图，直至概念验证模型，这个过程包含了试验、纠错以及对图纸各种处理手段的评估。在整个团队确定出一种能够与消费者产生共鸣的解决方案之前，需要不断地对设计进行完善。

搭建作战室

"作战室"这个词由它最初的字面意思演化而来，在现代商业应用中解释为一个集中于特定目标的协作空间。反复的设计过程通常会带来这样一种风险：在反复修正的某一时刻，原始的目标就被抛诸脑后了。心理美学理论带来的可以复制的成功取决于团队将注意力重新集中到在筹划初期所制定的共同目标上的能力。

无论你使用的是一间有形的房间，还是一套虚拟的工具，使用作战室的体验会超越其本身，一间作战室绝不仅是一个各组成部分的集合。无论各个团队之间的协作需要跨越的是一张桌子还是一片大洋，关键要素是要能够接触到在筹划初期创造的可视化工具：可见的市场、机会领域、人物角色、每日或每周生活记录等。当你走进这间作战室，它便会提醒你、告诉你你的行为将影响品牌、消费者以及他们的生活方式。作战室的布局大概是这样的：一面两米高、六米宽的墙上挂着五种可能出现的目标受众的具体形象，在对面的墙上则贴着布满关注点的心理美学图示。不论你的房间有多大、这些可视化图像的尺寸是多少，把所有的心理美学元素集中放在一个地方的效果是非常惊人的。在这样的空间里，团队成员就完全沉浸在消费者背景下进行创新活动，专注于他们力争建立的情感联系。

揭示（吉他演奏者的）志向

与其他项目一样，RKS吉他的关键在于从个体开始。所有电吉他演奏者的共同追求是什么呢？是表达他们独特愿景的渴望和与世界分享自己独特观点的激情。这种想法并不只是职业音乐家才有的，市场调研可以证明很多走向传统职业的成年人仍然怀揣着成为摇滚歌星的梦想。从 2000 年至 2004 年，吉他的销售量翻了一倍多，从中国进口的吉他也拉低了很多入门吉他的价格。初学者和想要扩大吉他收藏的演奏者成了新的消费者和市场增长的主力军。

讽刺的是，无论吉他演奏者多么想要挑战极限，电吉他技术还是停滞了 50 多年。大部分来自音乐家的创新都因为艺术家想要保守他们的商业秘密而极少用于主流设计中。一个例外是莱斯·保罗（Les Paul），他是一个吉他奇才，实心电吉他的发明者。他同吉他制作者吉布森（Gibson）合作，制造出了影响整个行业长达半个世纪的乐器。正如书中记载的：

> 在 1940 年或 1941 年（具体日期不详），保罗先生设计的吉他超越了传统。致力于让电吉他产生持续的音量，他将琴弦和两片固定夹具附着在了琴颈上的木板上。这种"原木"（他自己的叫法）即便不是最早出现的实木电吉他，也是最有影响力的电吉他。当他用这种电吉他公开弹奏时，这个长相奇怪的乐器遭到了众人的嘲笑，因此他将设计隐藏在传统样式的吉他中。但这种"原木"是一个概念上的转折点……是全球范围内音效转换的开始。

吉布森公司于 20 世纪 50 年代早期雇用保罗先生设计莱斯·保罗吉他模型，这个最早的 1952 年模型的更改版本从那时起就一直保持着稳定的销量，一度占据该私人控股公司总销量的一半。嵌入保罗先生拥有专利权的拾音器的产品因其清晰而持续的发音受到广泛称赞，并被诸如齐柏林飞艇乐队的吉米·佩奇（Jimmy Page）和枪炮玫瑰乐队的吉他手史莱西（Slash）等音乐人所采用。据吉布森公司称，莱斯·保罗版本的吉他自 1958 年以后就没有做过任何改动了。

但毫无疑问，21 世纪初的吉他市场有革新的空间。

尽管摇滚明星对他们的乐迷来说代表了创意、前卫和自由，但在乐器的选择上，他们却是惊人地传统。主吉他手通常是乐队的队长和最受认可的艺术家，他们的每一场演出都是在拿他们的名誉冒险，因此他们需要可靠的吉他。业余的电吉他演奏者并没有冒着如此大的风险，但在对乐器的选择上，他们经常会模仿他们的偶像，他们是这一传统乐器的坚定守卫者。要诱使偶像和粉丝去尝试新事物，会与现实情况产生明显的背离。如果潜在的好处并不显而易见的话，对新设计的探索将会缺乏动力。

迅速开工

有些进程如果不尽快展开，革新的势头和激情很快就会减弱。于是这个团队立即开始对市场进行心理美学分析，着手制定实施这项艰巨任务的具体计划。当他们开始这项工作时，他们明确了设计者包括吉他演奏者和非演奏者。门外汉会带来一些新鲜的观点，因而他们也是非常重要的参与者。而音乐家则会以亲身经验讲述对目标受众的习惯、偏爱及痛处的深刻了解。

很快，设计团队开始逼近吉他的本质：具有丰富音效的共鸣箱或发声体，琴颈是指板的载体。设计者抓住这个核心概念，并将其延伸为"核心乐器"，想出了一个创新的设计，可以将琴颈和回声室融合成一个细长的核心组件，并将其用螺帽固定在从核心区域延伸出来的悬空开放式结构上。这个开放式结构和细长的核心组件（比琴弦宽不了多少）为设计者提供了一个绝好机会，正好可以将音量和音调控制装置安装在琴弦下方，并使演奏者指尖落在核心与外壳之间的区域。拾音器选择装置置于开放领域，在琴弦的正上方，演奏者的拇指很容易触及。这个创新的设置不仅不让设计显得零乱，还在强调工效学的同时允许演奏者在演奏过程中有些变化，例如调整拾音器或调节和弦音量。

在上百个想法和上百张概念图之后，一个全新的设计诞生了。它结合了柔美的女性身体曲线和暴露在外的结构性拱肋，这个拱肋会使人联想到人体的骨骼。琴身既不是实心的也不是空心的，而是一个由琴柄连接到中心区域的中空开放式结构。这个设计在市场上还没有出现过，因此必然会有些显眼。不过问题是，传统的吉他演奏者会接受它吗？这一点在整个设计过程中一直萦绕于每个人脑中，也激励着大家不断改进和实验。

专家（权威使用者）的作用

开放式结构的吉他设计，其核心组件与传统吉他有很大不同。设计团队对此感到很兴奋，但他们也知道，如果他们想要将这个想法变成成功的产品就必须获得专业的反馈。幸运的是，拉维的弟弟拉梅什（Ramesh）是摇滚名人堂戴夫·梅森的朋友。梅森是交通乐队的成员，因与乔治·哈里森（George Harrison）、保罗·麦卡特尼（Paul McCartney）、埃里克·克拉普顿（Eric Clapton）、吉米·亨德里克斯（Jimi Hendrix）等人合作以及他本人的独奏曲而闻名。他非常好奇地来到 RKS 公司测试他们的第一个泡沫模型。尽管有些设计元素引起了梅森的兴趣，但其他地方似乎对他并没有什么吸引力。最初的模型缺少一个装有旋钮的主轴，这个轴放在了别的地方，因为当时不方便装入。梅森发表了他的意见，并给设计团队列了一个单子，告诉他们需要熟悉了解但有所缺失的地方，以及想要这种新的设计成为一把能真正演奏的吉他所要完善的地方。

初步设计的四个步骤

尽管创造的过程总是让人兴奋不已，但开始的时候却容易让人打退堂鼓。不过在确定了机会领域和目标后，就可以将注意力集中在吸引各个区域的目标人群上了（见第 3 章图 3—4）。尽管设计的细节会因所在象限不同而异，但一些具体的问题和总的指导原则可以保证设计过程不会偏离正轨。

- 基本象限——很少有设计是明确为基本象限的目标人群设

计的。通常来说，设计都被简化了。当企业为了扩大目标客户范围并增加产品吸引力时，会将设计从图上别的地方移进基本象限。例如，"由设计师专门设计"的商品和复杂的器件如何能够制作得更加让人接受——在价格和功能两个方面。

由于这个区域的设计被简化了，因此设计的每种特性都经过了仔细的考虑。成功的基本象限产品并非是"呆板"的产品。在很多情况下，它们对解决问题的能力和创造性有更高的要求。产品的价值必须是显而易见的，同时还要受到广泛的欢迎，而且通常还得价格低廉。

基本象限内团队所面临的问题：

(1) 总共有哪些特性能够被简化或去除？

(2) 哪些细节会给很多人带来疑惑或理解上的困难？

(3) 哪些因素对于品牌识别度和审美来说特别重要？

● 通用象限——在这个区域里，设计通常具有多种功能，并且还必须具有一定的效率和性能。这个象限内的很多设计都用于专业设备，例如体育器材。因此，过度设计或外表过于吸引人的产品往往难以受到青睐。

设计重点应该包括避免功能过多——这是这个区域的通病。可预测性、可靠性、易操作性是很重要的，材料也得耐用。鉴于产品的复杂性，简单的用户界面通常要求得到更多的重视。

通用象限内团队所面临的问题：

(1) 是否每个特性都满足使用者的需求？

(2) 该设计是否具有超强的实用性？

(3) 设计美学是否体现了设计的目的？实用吗？

● 艺术象限——在艺术象限内，美观和美学是设计最关注的要点。然而，设计不能只在乎外表的吸引力，还必须具有独特性，并能为使用者提供表现自我的机会。最好的时尚和珠宝品牌深谙此道。这个种类的设计容易两极分化,离奇和独特是这类设计的两大特性。

艺术象限内团队所面临的问题:

(1) 这个产品有多么独特?它是否能帮助使用者表现自我?

(2) 这个设计具有个性吗?

(3) 这个设计的哪些细节具有特殊价值?

● 丰富象限——这个区域的设计涉及多种感觉能力,可以创造出难忘的体验。在这种情况下,产品的材料和风格是由消费者来评价的,这些因素要在设计中得到均衡的体现。

丰富象限内团队所面临的问题:

(1) 设计要涉及多少种感觉能力?

(2) 产品的功能和样式都达到同样的标准了吗?它们是否起到了彼此强化的作用?

对很多人来说,这种不加修饰的反馈可能会让人感到沮丧。但对于设计者来说,这是非常令人兴奋的。反馈是设计过程中一个非常关键的部分,来自外部领域中公认专家的反馈则具有更大的意义。像梅森这样有能力和兴趣的人的本能反应激励了整个团队。因此,尽管梅森的提示将他们又带回到了绘图板上,但他们对于设计问题的新认识为研发过程指引了方向。

每次重复都让设计更向实物靠拢一点。由于团队内部具备改动设计的能力和电脑数控快速建模技术,仅仅几周过后,梅森就再次接到我们的邀请,设计团队准备好了另一个模型来接受他的检验。梅森非常惊讶,他没料到会再次接到我们的邀请。当他看到我们在那么短的时间内所完成的作品后更加惊讶。他看到了这个设计的潜力,并且觉得我们已经上路了。在兴趣的驱使下,梅森和设计团队共同坚持了近两年,不断将他们的作品和心理美学的基本原则进行比对。由于以梅森为代表的目标人群与设计团队不断碰撞出思想的

第 6 章　完成设计过程

火花，设计图也跟着一步一步地完善。当他们拿出样品后，梅森开始将样品带到现场表演中进行检验，对旋钮、琴颈的位置和琴身的改良进行评估。关于琴颈上最关键的接触点，梅森有一次指出："这个地方我知道是不对的，这是我的真实感受。"设计团队赶紧回去检查，证实他们确实偏离了 0.25 毫米！偏离的数据需要精确的测量工具才能确认，但对于像梅森这样有 46 年经验的演奏者，仅靠他的手指就能感觉出来。

梅森成为设计过程中不可或缺的一部分，因为他是一个对吉他有崇高信仰的人。当 RKS 吉他作为一个独立的实体诞生时，他也成为其创始人之一。梅森对于产品潜力的洞悉和作为专业音乐人的热情，连同心理美学理论的应用，构成了设计过程非常关键的部分。

回到消费者

未曾料想到的是，设计者和吉他狂热者的激情可能会导致设计偏离消费者。美学上的改进开始显得有些肤浅，新的特性看起来也有些令人困惑。在研发过程中实际情况的检验也是关键的一环。

有关哪种革新对消费者来说最有意义这个问题，很难轻易得到解答。心理美学引领着设计团队向最有意义的答案前行。

对于高度个性化和定制的概念，情感所起的作用更加明显。吉他不可能只检验设计技巧和创造性，它需要为摇滚明星和歌迷提供美妙的体验，并激励音乐人。因此焦点应该放在音质、演奏体验和摇滚明星的形象上。

音质解决方案

由于吉他已从泡沫模型进入实用模型阶段，因此设计团队将大量的时间和精力花在了工艺和材料上。大多数吉他所采用的用于发声的木头都来自雨林中的珍稀树种。为了避免使用濒危木材，设计团队考虑用模制塑料结合人工种植木材来制作琴身。但问题是，大部分塑料所造的琴所发出的声音都过于刺耳，过于嘹亮。从来没有人打算在音质上妥协。

幸运的是，我们发现了伊士曼化工生产的一种叫特尼特的醋酸丁酯纤维素。这是较早发明的一种塑料，是在为伊士曼柯达公司奠定基础的、用于制作胶片的原始材料基础之上研制而成的。伊士曼很快就显现出了对新吉他这种创新事物的兴趣，送来了几种配制成的材料样本以供声音测试。

特尼特的棉纤维与木纤维产生了令人惊异的回声，让人想起传统用料的音质。由于来源于人工种植木料，因此特尼特远比传统乐器采用的木料环保。从原初概念中保留下来的结构性拱肋是采用航空铝制作的。这些拱肋与特尼特协同合作，将琴弦的震动通过拱肋传递到模制外壳。采用这些新材料意味着RKS空心吉他不会使用从环境易受破坏的雨林里砍伐的木材，其他部位模型也减少了对这种木材约80%的使用量。

为达到更好弹奏体验优化工效学设计

心理美学分析将调节装置的安放视为一个重要的触点。这告诉设计团队，他们有一个重要的机会通过加强工效学、美学及整体体验来制造差异性。最显著的发挥演奏者技能的革新，就是对音量和音调旋钮及核心组件上下拾音器选择装置位置的优化。随着音量和音调旋钮逐渐被人所熟知，凹槽式旋钮则被放置于琴弦之下、演奏者的指尖所触之处。旋钮靠平滑的金属来增加重量和润饰效果，从而提高音质和音准。拾音器选择装置置于演奏者拇指很容易触及的地方，以便在需要时即时应变，同时又能避免意外的触碰。这些设置还仅仅是为发挥产品最大效能所做改进的一小部分。

从琴柄到指板，再到琴身外形等所有细节都要改进。最传统的电吉他背面是平的，而RKS吉他的曲线轮廓一直延伸到了吉他的背面，形成了吉他与演奏者之间的完美贴合。这种看上去仿佛是吉他缠绕在演奏者身体上的方式让演奏者能保持一种更放松、更自然的姿势来弹奏，并让吉他和演奏者之间产生了更紧密的联系。梅森的建议是实现这种契合的关键要素。"（吉他）必须让我忘掉它的存在，让我专注于我的音乐，成为我双手的延展部分，"他说。在这个过程中，我们让吉他减轻了 1.4 千克，这也解决了有些演奏者所抱怨的几个小时的持续演奏后，吉他会伤害他们背部的问题。

最终成果

最重要的是，音乐人在多大程度上接受这种吉他。第一眼过后，熟练的吉他演奏者和新手们一样都会评论吉他的外表。有些人喜欢，有些人排斥。正如我们所预计的，突破性的设计会让使用者产生分化。一开始，我们就知道必须放弃一些人，同时争取一些人。我们不是在设计满足所有人需要的吉他……我们的设计要将我们的目标受众变成勇敢的传播者。事实证明，我们做到了。

当有些人仔细观察这款新吉他时，奇迹出现了。他们对这种吉他的最初感受是非常舒服，也很熟悉，让人觉得是一位老朋友。尽管看上去令人耳目一新，但让人感到亲近。当演奏者对它更加熟悉后，那些融入了智慧与情感的设计优势，包括调节装置的安放、清晰的音色、令人惊异的回声、使人着迷的做工等，才能被充分觉察。一时间，水平不一的演奏者们都开始感觉像摇滚明星了。更加可喜的是，这种吉他甚至能吸引到追求标新立异的音乐界模范人物。随后，米克·贾格尔（Mick Jagger）将 RKS 吉他作为他的个人作曲乐器，众多传奇演奏家，包括格伦·坎贝尔（Glen Campbell）、唐·费尔德（Don Felder）、基思·理查兹（Keith Richards）、罗恩·伍德（Ron Wood）和里奇·李·琼斯（Richie Lee Jones）等人，也纷纷加入 RKS 吉他的阵营。

个性化体验

创新能帮你实现音乐梦想，也能帮你接触到更多的观众。尽管最初的 RKS 吉他被很多顶级演奏家所采用，但它对于一些人来说还是太贵了。我们的分析显示，机会区域可以扩大，区域范围以外的一部分目标受众也可以被囊括进来。为了做到这一点，我们必须让吉他的价格降低到希望节省费用的音乐人也能够承受的水平。设计团队还进一步增加了一些改进，满足了一部分人的其他要求。

改进设计的关键取决于奠定 RKS 吉他原型基础的核心组件。设计团队意识到，核心组件的结构使更换琴身成为可能。被称为"波浪"（如图 6—1 所示）的全新吉他轮廓为演奏者提供了更换各种琴身以适应演出氛围或音乐题材的选择。仅靠六个螺钉，演奏者便能创造出完全不同的外观和声音。

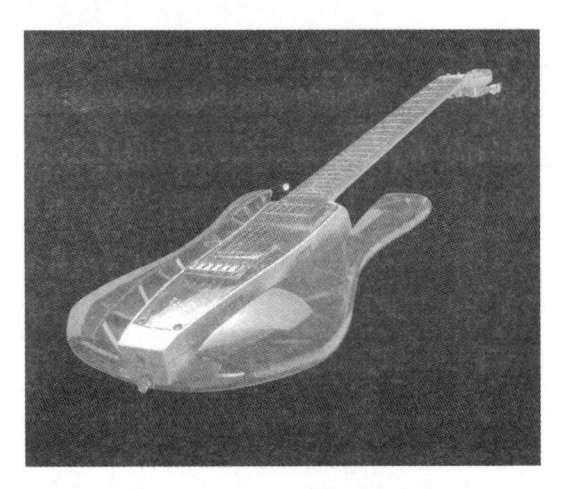

图 6—1　RKS 可更换琴身吉他

"波浪"的出现，使音乐爱好者拥有了一个允许他们自由变换，以适应不同情绪和场合的乐器。与此同时，成本也降低到了音乐人负担得起的水平。选择这样一款含有一个核心组件和多个琴身的吉他意味着使用者可以获得不同的外观与非凡的声音，而且不用购买其他吉他来迎合不同音乐风格和演出场合。

经营的重要性

RKS 吉他的经历让我们从内心理解了制作过程中所涉及的复杂性

和众多的细节。尽管吉他已经设计出来了，在我们觉得有十足把握前，我们并没有急于将其卖给生产商，因为我们深知机会只有一次。随着一步一步、一点一滴的改进，它逐渐变成我们当初所预想的那个样子。经过深入调研与深思熟虑之后，RKS 做出一个非同寻常的举动：成立一个独立的 RKS 吉他公司，在南加州生产高度专业化的乐器。

工厂刚开工时，由于制作过程要求制作人员具备一定的艺术素质，因此需要一定阶段的培训，所以几乎需要十个人花费一整天的时间才能做出一把吉他。在工厂运转三年半后，效率已经提高到一人一天制作一把。基本的核心组件加三个琴身（实心体、空心体和"波浪"体），每天可以组装成近 200 个库存单位。吉他在网上分类出售，有 80 个国内经销商和 30 个海外分销商。销售实现了保本，三个月的订单积压显示出了产品的竞争力。

后来，依靠少量的专业供应商提供大部分零件的情况限制了我们满足客户需求的能力，我们需要筹集资金来推广这种吉他，而供应商又不能够扩大信贷额度。尽管设计团队将大量精力都放在了用户体验上，但这显然是不够的。零售商的需求没有被充分考虑到，同时我们也低估了打造品牌所需要的资金量。让经销商，尤其是大型连锁店的经销商了解吉他的优点，也未得到足够的重视。这样的经营状况对于设计团队来说比较困难，尽管团队成员知道很多消费者认可并欣赏他们所设计的吉他。

一个卓越的商业模式有时能够弥补产品的普通，但一个伟大的设计却很难改变行业现状，这正是 RKS 吉他所面临的窘境。尽管产品有很大的需求，但公司没有足够的资金来推广品牌并满足所创造的需求。最终，公司于 2007 年停产，但其所生产的 2 000 把吉他仍然有强劲的需求，价格也在不断上涨。

总结经验和教训

RKS 吉他的经历逼迫我们在设计战略时要始终对渠道的变化有

清楚的认识。我们与 Discus Dental 牙科机构的总裁兼创办人之一罗伯特·海曼合作得很成功。他从经验中知晓，拥有好的产品很重要，而能产生需求的好的商品形象和设计也是至关重要的。这是他早些时候从他的家族企业中吸取的教训。他的父亲曾经营著名的乔治比弗利山庄牌香水，影响了他日后的商业经营理念。海曼注意到"（包装上的）金黄色和白色条纹勾画出了比弗利山庄的形象……非常独特，让人一眼就能辨认出来。在高端市场，这个标识的情感联系变得越来越重要了"。

当海曼和罗伯特·多尔夫曼（Robert Dorfman）博士（一位经常出现在真人秀《改头换面》里的著名牙医）创立 Discus Dental 时，牙齿美白市场正处于一个快速发展的时期。在美国，口腔护理产品的销售额在 2002 年增长到 450 万美元，比 1997 年增长了 19%。美白和口气清新产品销量的增长占据了很大的比例。用一名分析人士的话说："市场的重心由清洁产品转向了更多的美容产品。"美国牙科美容学会的报告显示，1995 年至 2000 年间，牙齿美白服务增加了三倍。

在考量了各种进入市场的方式（包括广告模式、直销模式等）之后，Discus Dental 最终选择了牙科诊所。它提供的专业产品，例如 BreathRx 和 Nite White（口腔保护和牙齿美白凝胶套装），都成功地进入了渠道。"我们一直都很确定我们处于美容行业和口腔护理行业，"海曼回顾过去时这样说。

设计新的营销方法

作为一家新成立的公司，传统的雇用推销员去走访各个牙科诊所的营销模式在财务上不太可行。然而，海曼坚持认为资金不足是公司成功的推动力，因为这种情况会迫使经营者想尽办法来求得发展。公司的创立者利用就业市场的不景气，雇用了一些刚毕业的新手加入到销售大军中来，并让他们中的很多人通过电话来销售产品。

第 6 章　完成设计过程

随着公司日益壮大，公司让一些业绩好的职员介绍他们的朋友来工作。年轻而充满活力的推销员在时常举办的商业展览上曾轰动一时，并且还加强了 Discus Dental 产品与青春和性感的联系。在公司内部，销售人员之间的友爱和同事间的情谊也孕育了员工的职业道德。在这里，情感联系对公司的发展发挥了积极作用。

当时，各式各样的针对婴儿潮一代的美白产品——从美白牙贴到美白牙膏和带刷的凝胶——开始进入食品杂货店和药店。这些产品也受到很多年轻消费者的欢迎。一位名叫伦勃朗特（Rembrandt）的女性代言人解释说："洁白的牙齿已经成为美丽的一项标准，现在的市场比以前扩大了很多。"牙齿突然成为影响青春和性感形象的一个关键因素。一些行业调查显示，71％的美国人坦言他们不大可能和一个牙齿不好的人结婚，33％的人称美白是他们选择牙膏时最看重的功效。零售渠道能提供便捷的服务和比专业产品更便宜的价格，因而，为了不削弱品牌的形象，Discus Dental 也顺应了这一潮流。

然而，独立特许经营商家 BriteSmile 的出现给 Discus Dental 带来了重大威胁，它可以提供仅花费一小时的牙齿美白服务，并为牙医提供一套设备。海曼非常清楚地记得："就在那个要么认输要么与之打得头破血流的时刻，我们知道我们必须要赢。我们必须找到消除这个威胁的方法。"

在开始对抗 BriteSmile 的时候，Discus Dental 已经成立两年了。和一些牙医建立的长期关系使他们相信，相当多的成年人都对牙齿美白感兴趣，但对那些不需处方即可出售的产品显得不太放心。走进诸如 BriteSmile 这样的特许店时，他们会感到有些焦虑。于是，Discus Dental 再次选择将它与牙医建立起的宝贵关系作为其战略回应的核心，开始运用心理美学原理研发一套可用于牙科诊所的美白系统。

通过帮助别人来赢得竞争

对策就是这套"Zoom！"牙齿美白系统，用紫外线灯光激活氧化物凝胶来美白牙齿。"Zoom!"美白灯（如图6—2所示）的外形是经过特殊设计的，为的是减少顾客的害怕和担忧。通过将电源箱和照射灯分离以达到美学效果，使其减少妨碍、缩小体积。照射灯也能让顾客增强安全感，因为它集中于治疗区域而远离顾客的眼睛。

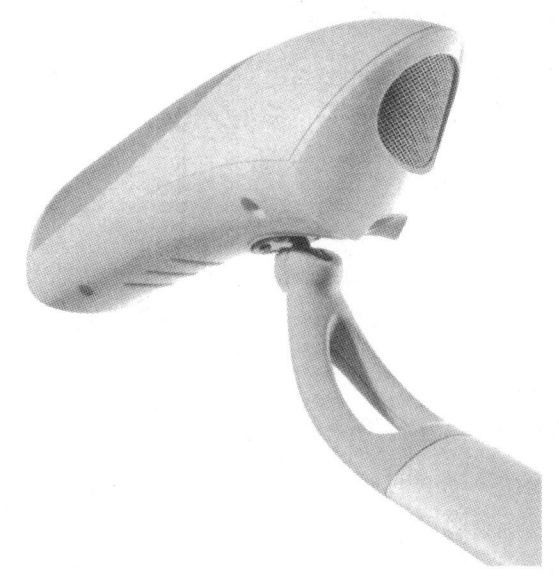

图6—2 "Zoom!"美白灯和洗牙器

"Zoom!"这套设备的美白效果很好，能在一小时之内美白8块阴影，而所花成本只是其他疗法的30%。照射灯获得了几项设计大奖，它与BriteSmile的使用体验有天壤之别，使用后者时，顾客处于一个大灯的照射下，并不断被告知要"尽量保持不动"。让顾客保持不动在使用BriteSmile设备时是比较致命的缺陷，那个东西甚至还专门安装了一个运动传感器以感知顾客的动作。

通过为牙医提供在日益增长和有利可图的市场上参与竞争、并让他们的顾客有美好体验的机会，Discus Dental很快就收复了失地，顾客们也能拥有更多在不受外界干扰的情况下向可信任的医师请教及同他们一起讨论的机会。当顾客做出选择后，往往会在诊所里接受美白护理服务。对此，设计团队和Discus Dental合作，共同开发了一种可持续的商业模式和渠道战略，而不是将注意力只局限于最终用户上。为 Discus Dental 设计的照射灯和申请了专利的洗牙器为牙医提供了一种可靠、低廉的方式，来帮助他们的顾客实现美化自身形象的目的，Discus Dental 也因此夺回了它在专业市场上的位置。在"Zoom!"这套设备被设计出来后，BriteSmile 已经毫不足虑了，在 BriteSmile 失去市场份额几年之后，Discus Dental 最终于 2006 年买下了 BriteSmile 专业系列的部分经销权。

寻找平衡点

整个过程中最艰难、最关键的部分就是利益相关者就他们是否准备好将他们的产品投入市场做出决定的时候。在更改原型和测试的过程中，无论是出于时间和预算的限制，还是为了保持产品的完整性，都不可避免地要做出一些权衡和取舍。

如果不参照心理美学原理，而只是依据消费者检验的情况做出判断，那将会是非常纠结的。不过，这个体系能让我们成为更好的检测者，让我们相信销售情况证明了我们锁定的目标受众和我们想要接触到的市场都是正确的。心理美学还告诉我们要提出哪些相关问题，验证我们在设计时想要建立的联系。我们可以在整个过程中比较实际结果和预设目标，只有这样我们才能知道我们的产品在市场上反响如何。

第 7 章　情感参与

情感参与往往是商业经营活动的最高境界，因此我们必须积极参与，这一点必须明确。事实上，所有消费体验都会带来情绪反应。不好的消费体验所引发的消极情绪会产生消极影响，其程度可能比积极情绪所带来的积极影响更大。有关饭店老顾客的一句古老格言到现在还很适用：消费者只会将一次美好的经历告诉给一个人，但会将一次不好的经历告诉给十个人。现代科技增强了这种传播效果，一个令人信服的消费者的不良遭遇可以在一夜之间传播到上百万人的耳朵里。

这种注入感情的交流的力量是心理美学关注的核心："重点不在于你对设计的感觉，而在于它让你产生的对自己的感觉。"这个指导原则让设计团队将焦点集中于产品与消费者之间真实的因果关系，这些消费者与产品之间相互作用，创造出引导市场所需的积极的情感联系。

一个精美的设计不一定能直接带来一次有意义的消费体验。情感参与是通过精心安排和实现的互动来建立的。对情绪点和目标受众未被满足的欲望的深入了解能够指引设计人员成功地将新概念引入市场。

无论是对于工业还是生活的某个方面，情感参与都是推广新概念的关键因素。时尚美容产品和汽车是少数几个高度依赖消费者个性和情感的产品类别。消费者有充足的选择空间，并将选择看作自我表达的一种方式。但在医疗产品领域，消费者与医疗产品的情感联系基本上是建立在没有选择的"强制采用"情况下。医学界中有些设计是非常昂贵的（也可能是与直觉相悖的），这会对人们接纳和使用这些产品产生巨大的影响，引申开来，甚至对人们的长期健康和福利都有影响，因为没有什么比自己和所爱的人的生命更宝贵的了。从逻辑上讲，对产品的采用几乎完全取决于其功效和使用的便捷度，基本没有情绪上的选择。

然而，事实远非如此。在某些领域，恐惧普遍存在，弄清使用体验中所固有的内在情绪是促使消费者购买的关键。健康、安乐和虚荣的利害关系事实上增强了这种情况，而非削弱。设计能够帮助患者和保健品使用者治疗慢性病，这通常是个既漫长又艰巨的任务。设计还能促使人们解决那些并不危及生命，但却带来许多烦恼和尴尬的问题。在一个充满不安的环境中满足需求可以实现持续的竞争优势，这是设计和创新必须提供情感和理性利益的又一主要原因。

归属的重要性

如今，打开电视想要不看到治疗糖尿病产品的广告是非常困难的。在美国，约有2 400万人患有糖尿病，这种病的全球发病率也在快速攀升。尽管很多情况下Ⅱ型糖尿病能够通过药物和生活方式的改变加以控制，但Ⅰ型糖尿病则要依赖适当剂量的胰岛素。多年来，人们对这种病的认识提高了，但仍旧没有治愈的方法。这种慢性疾病如果不加以控制，后果将是很可怕的，可能会导致失明、截肢，甚至死亡。

在20世纪90年代中期，所有可以及时注入胰岛素的疗法对于控制Ⅰ型糖尿病的效果都有了较大的改进。MiniMed胰岛素泵的创始人发明了一项革命性的技术。这个装置获得了食品及药物管理局的批准，治疗效果没有问题。这种泵一点也不笨重，在给予患者及时治疗的同时还能让他们活动自如，进而改善他们的生活质量。然而，其采用率在经过了最初几年的快速增长后开始逐渐减少。同时，糖尿病的发病率还在持续上升。

第 7 章　情感参与

一种与之竞争的产品（技术上稍逊一筹）在吞噬 MiniMed 的市场份额。MiniMed 的高管们意识到，MiniMed 销售量的增长必须找到提高采用率的方法。原始的胰岛素泵的设计偏重于它的功效和安全性，将泵包裹在冰冷的医用白色塑料里，让人联想到医院。于是 MiniMed 和 RKS 公司共同开启了一项针对此问题的研究项目。为了了解用户的使用感受，设计者们在几天里以各种方式来使用胰岛素泵（实际上注射的是生理盐水），从而获得对真实使用者"生命中的一天"的内在理解。结论就是，这种泵很可靠，也很容易使用。但每当在公共场合使用这种泵时，总会招来旁人的注视。在餐馆吃饭，因为有对食物摄取后的血糖加以抑制的医学需要而使用胰岛素泵时，时常会因众人的目光而感到尴尬。设计者们意识到，这种难为情的感觉大到足以让人们甘愿冒着健康风险也不去注射胰岛素的程度。当执行团队也洞悉到这一点时，便产生了一项明确的任务：消除佩戴和使用胰岛素泵的尴尬情绪。

当把 MiniMed 和它的主要对手放在一起比较分析时，我们可以清楚地看到为什么它的对手能占领市场。对手的产品不像是一个医疗设备，而更像是个迎合顾客生活品位的产品。这就解释了当它和更高级的 MiniMed 产品放在一起时，患者为什么要选择前者。我们需要一种能够让 MiniMed 再次夺回消费者的设计。尽管泵的机械结构还保持原样，但它的外形却发生了翻天覆地的变化。鉴于当时的技术水平，还不可能实现将设备变得隐形，因此想出的一种替代方法是集中力量改善这种设备给人的直观印象。当时寻呼机正逐渐普及，甚至被视为一种拥有较高社会地位的身份象征，这给了设计团队巨大的灵感，他们设法将这种医疗设备变为前沿的移动通信设备。最终，设计人员提高了胰岛素泵的技术性和耐用性，强化了产品美观、可靠、坚固的印象，创造出一种消除所有污点、不让使用者感到焦虑而是让他们觉得很体面的设计。

多亏了这项心理美学驱动的设计方案，不论多大年纪的患者都可以佩戴这种泵而不用惧怕负面关注。这种产品还促进了有关糖尿病的讨论，代替了以前的浮光掠影。效果立竿见影，仅仅在三年内，这种泵的销售额就从 4 500 万美元增至 1.71 亿美元。此后不久，美敦力以 38 亿美元的价格收购了 MiniMed。如今，美敦力仍然是生产胰岛素泵的行业领先者。

由先行者优势到"第一连接者"优势

在 MiniMed 的管理者们意识到创新的技术并非是吸引患者为控制疾病而使用设备并调整生活方式的唯一因素后，MiniMed 重新站稳了脚跟。尽管许多公司重视创新，也有健全的产生新想法的流程，而对于"先行者"优势的盲目追求可能会将公司引入歧途。"第一连接者"优势则是一种更有益、更安全的尝试。

在满足消费者需求并消除他们在使用新产品时所固有的担忧时，一种情感上的联系就建立起来了。心理美学是建立情感联系的有效工具，可以最先将产品和用户联系在一起。

即便是精心设计的产品，定位不同的话，也会产生麻木的反应或情感的共鸣两种效果。同时，弄清这种联系随时间的推移而变化的基础也是非常重要的。例如，很多科技产品在进入市场时以新的功能和特性为卖点，在后期，它们吸引消费者的原因则可能是它们能够替代几个单一的产品，其附带设备和附加服务能扩大影响力。

要想率先在产品和用户之间建立情感联系，必须仔细检查产品与使用者的每一个接触点，对公司能有所改进的所有地方进行评估。例如，包装是否难以打开？亚马逊网站在引进简约包装时，邀请了一些公司专门研究这个问题。收据足够清晰吗？塔吉特百货公司要求亚马逊确保其打印出来的收据能够辨认清楚。不是每位消费者都会知晓或注意到这些细节，但是要想在如此深层次上为顾客着想，公司必须寻找不断与顾客建立联系的方法。因此，塔吉特百货公司和亚马逊必定会成为值得信赖、以设计为中心、高业绩的公司。

英雄的旅程

为产品和服务建立情感联系的途径取决于你引导他们走出犹豫和疑虑，走向一系列丰富而诱人的、让他们对自己感觉良好的经验的能力。为了具备这样的能力，心理美学采用了我们对哲学家约瑟夫·坎贝尔"英雄的旅程"概念的阐释。"英雄的旅程"指一种经典的故事结构，这种结构从《奥德赛》到《星球大战》等诸多故事中都能看到。在心理美学方法中，企业可以利用"英雄的旅程"为产品或服务设计一个让消费者接受的过程，使消费者与产品紧密联系在一起。

约瑟夫·坎贝尔是20世纪一位杰出的哲学家，他将自身对于东方和西方宗教深入的研究与他对人类心理，包括对西格蒙德·弗洛伊德和卡尔·荣格这样的传奇人物的研究成果结合起来。他的基本假设是，人类不仅需要英雄，个人通过战胜磨难也能成为英雄。他从众多的文化中探索神话传统，从中发现了一些普遍适用的相似之处。他有个著名的论断："我认为我们不是在寻找生命的意义，而是在寻找活着的体验。"

坎贝尔认为全世界的神话传统都分为三个主要的阶段：激烈的思想斗争、顽强的奋力抗争和平淡的回归初态。每个阶段又包含很多步骤。整个循环过程可以归纳为英雄受周围形势所迫而被召唤，一开始排斥召唤，随后又被拖入险境。虽然英雄四面楚歌，但会接受帮助和指引，最终坚持下来并取得成功。最后一步则是他回到最初的世界，与人分享他的胜利喜悦和获得的新知识。

为什么我们仍需要英雄

"英雄的旅程"的意义源于故事的普遍性，这些故事经历了岁月的凝练，我们无须仔细考虑就能从简短的标题中体会意义。英雄的故事一直激励着那些勇于开拓创新的人。《全新思维》的作者丹尼尔·平克（Daniel Pink）最近的工作重点之一就是评估这些故事的影响。他认为，如果讲故事是那些涉及劝说的行业（例如咨询、顾问和广告行业）为了实现其目标所必须进行的工作，那么讲故事对于美国经济的价值可能将近1万亿美元。平克简要解释了故事的力量："如果把道理直接告诉人们，那么这些道理便丧失了价值。重要的是将这些道理置于相应的背景下，并用有情绪感染力的方式加以传递的能力。"

对消费者而言，"选择"这个词很容易被"真相"所取代。设计及其所呈现出的产品应当给出相应的背景，在产品和消费者之间建立起情感上的联系。这个任务显得越来越紧迫，因为设计通常以细节取胜，而不是功能和价格上的巨大差别。例如笔记本电脑这种产品，在过去受内存、运行速度和价格的驱动，而现在则受风格、环保性、电池性能和"触感"的驱动。现在的电脑比20年前便宜了许多，从设计获得回报不仅需要一个令人振奋的新概念。将想法付诸实践则不仅要让使用者个人满意，还要博得批评人士、博客用户和社交网络的口碑。

"英雄的旅程"建立在创造目标客户的工作之上。锁定目标客户可以提高设计效率，讲故事可以促使目标客户接受设计出来的新产品。现今，许多公司所讲述的故事一般都是对话邀请的形式。选择适当的方式和内容可以改变人们评价所有同类产品的态度。现在没有人想开混合动力的车，整个汽车工业现在就需要创造一个有关汽车业正在如何努力让其产品污染更小的故事。

消费者记住的是故事，他们也是通过故事将自己的体验告诉给家人和朋友。故事既要提供让我们评价自身选择的参考点，也要提供让我们反省自身价值观的参考点。在最成功的案例中，故事不仅与公司的使命和品牌产生情绪上的共鸣，还与我们的个人生活做对比。"英雄的旅程"使得设计的魔力通过可预知的方式传达出来，同时又能激发消费者的兴趣。它让我们的选择更加自由，而不是迫使我们对比熟知和未知的事物。对于成熟的门类和品牌而言，故事则提醒着我们为什么要坚守这个品牌，并引发一些共同的经历。在这两种情况下，故事都放大了设计的影响力。如果运用得好，"英雄的旅程"有助于清楚地表达新产品的益处，提高消费者的购买欲望，加深使用者的印象。

凸显设计的益处

"英雄的旅程"经常被用于清楚地表达设计的益处。尽管人们会被新事物吸引，但也要考虑到习惯的力量。一个好的故事有助于重新定义选择，把人们已经做出的选择作为参考，然后创造出新的联系。很多观念遭到抵制是因为它们过于前卫，而且缺乏能够有意义地表达出它们的益处和设计初衷的故事。

促进行动上的改变

对于新产品，一个故事必须能产生采用新想法的动力。要知道，最早的汽车宣传为不用马拉的车，而最早的拉链则被当做无扣的钩扣来销售，从而帮助消费者明白它们的用途。设计中"形式服从于功能"这一老套的说法在数字世界似乎显得不太适用，因为新的功能层出不穷。设计师可以为新产品设计出一些能联想到熟悉事物的线索（例如将胰岛素泵设计成寻呼机的样子），但还是需要一些有助于刺激人们做出行动上的改变的故事情节。

加深印象和回忆

在一个充满选择的世界里，故事能够帮助人们记住设计和他们做出选择的原因。简单的信息有助于人们做出决定，提供给他们购买商品的理由。"英雄的旅程"的魅力还在于与他人分享发现的喜悦。一个共同的故事能创造出人与人之间的联系，并且符合作家罗布·沃克（Rob Walker）所说的"欲望准则"：消费者既要有个体的感觉，同时还要有归属感。

在任何阶段，用户体验能够证实最初吸引消费者的质量和情感这一点都是非常重要的。否则，购买者的后悔心理会像病毒一样迅速扩散，最终导致灾难性的后果。"英雄的旅程"只有在吸引消费者的产品特性能确确实实展现出来的情况下才能起作用。不再难为情的糖尿病患者对胰岛素泵所产生的情感联系不亚于孩童对新玩具的欣喜之情。

考虑超出购买决策之外的问题也是非常重要的。现如今，品牌代言人这个社会角色的产生要求故事中也应当包括消费者的参与和贡献。人们现在比以前更善于在购买产品之前从多种渠道获取信息，因而，让他们在每个阶段都能与产品进行对话是非常关键的。包装、制造方法、客户服务、回收政策等各个环节和领域都会影响到我们的决定，给我们带来不同的感觉。麦肯锡最近的一项研究发现，多达三分之二的接触点实际是由买方决定的，而不是由卖方决定的。这里所说的接触点是指让消费者了解产品的互动方式，包括通过口头交流、上网查询和店内展示来收集信息。

最重要的是，"英雄的旅程"描述的并非一个线性过程，也包括在迎接新事物和体验新事物所带来的满足感的过程中产生的犹豫、怀疑、考验和决心。好的设计能够让人们勇于接受新的挑战，而附带的故事则能给人们增加一份鼓励。

英雄的塑造

我们将"英雄的旅程"通过改编的方式细分为五点，如图7—1所示，由吸引开始，以创造实际需求为结束。

"英雄的旅程"细分为如下几个阶段：

● 吸引——吸引发生在我们刚刚意识到与我们产生联系的事物的时候。可能是闻到小餐馆厨房里飘散出来的食物的香味，看到巨大的清晰的液晶电视屏幕，或听到引得人们一探究竟的奇怪声音。吸引可以通过任意一种或全部感官来实现。

在我们获得消费者和顾客的认同时，我们可以看到，不同的目

第 7 章 情感参与

图 7—1 "英雄的旅程"的各个阶段

标受众的吸引阶段各有不同。这就迫使我们开发出各种吸引点来形成互动，而不能局限于单个的点。

产生最初的吸引力对于任何产品来说都是非常关键的，这一点很容易理解。尽管吸引力曾经被视为设计的目的，但如今，它只是设计的开始。此外，消费者了解新产品的渠道迅速拓宽了，这也为对话创造了新的需求和机会。

创造了吸引力的设计能为整个产业带来超出想象的行业性革命。百事可乐对其包装的重新设计正是受到了苹果公司音乐播放器的简易美学的启发。戴森真空吸尘器最初被很多零售商拒之门外，但最终受到了喜欢它的设计和创始人故事的消费者的欢迎。尽管戴森产品因其高价位让很多消费者望而却步，但它巧妙地让消费者对其产生了渴望。因此，其产品的零售价和入门级产品的设计水准都得到了显著的提升。如今，市场上各种颜色、各种特点的吸尘器琳琅满目，这类产品已不再只注重使用功效。

● 互动——一旦受众被产品所吸引，他们马上便会有所反应。他们会摸、闻，或以各种方式来了解产品，以检验最初吸引他们的地方是否值得购买。

如今，抓住顾客的阶段更可能是在家里开始，而不是在零售场合。无论是在网上购买还是在实体店里购买，人们都会在电脑上查找他们所要了解的信息。那么企业则需要创造出一些交流的办法，并通过诸如比赛、游戏、特别优惠等方式提供一些购买前的体验。顺应这种潮流的一个较为极端的例子是，大众汽车最近将其一款新车模型设计进苹果手机游戏里，以此来推出它的营销活动。

各种渠道的信息应该与实体店的实际体验尽可能地接近，这一点非常重要。能否进一步抓住消费者取决于后续工作的开展。如果消费者对产品感到满意，他们有时会继续查找相关信息，或与其他使用者交流，来证实他们的选择是正确的。

● 购买——当购买者有机会考察处于竞争中的产品时，他们就能清楚地比较出哪种产品是最有价值的。依照心理美学原理开发出的产品优势提高了产品的差异度和辨识度，从而让消费者果断地做出决定。

大约36%的人在购买前会上网查询即将购买产品的信息。针对消费者的调查也显示，人们愿意多花费20%到50%的钱（取决于产品的种类）去购买好评较高的商品。调查结果还显示，购买时的体验能使多达40%的消费者改变他们的想法。这更加证明了故事和设计相辅相成的重要性。

● 真相——真相大白的时刻是在购买之后消费者与产品进行互动的时候。当产品让消费者感到强大时，他们理所当然地会去和其他人分享他们的体验。

消费者的购买决定和购买行为已经显示出他们对品牌的信赖，他们还想看看他们的判断是否正确。在这个阶段，人们要么喜欢上这个品牌，成为它的推广者，要么对这个品牌感到失望。售后体验对消费者将来的决定和品牌考虑有深远的影响。比设计本身更重要的是设计是否能让消费者感到他们做出了明智的选择。有些购买行为涉及预算，消费者要评价一下他们的钱花得是否值得。调查显示，大多数人的期望都比较现实，在决策时考虑到了他们要支付的价钱。

● 传播——当消费者积极地推广他们的体验时，他们就成了这个品牌的代言人。

尽管很多有关购买行为的调查工作都在网上进行，但直接对话的影响还是非常显著的。例如，尽管18岁到24岁的年轻人使用社交网站的频率比其他年龄层的人高很多，但他们似乎比成年人更加依赖从跟朋友和家人的交谈中获得产品信息。

对勇敢的传播者的培养是一个相当复杂的过程，但回报也是相当丰厚的：人们自愿为你传播品牌，花费更少，更加可信。他们还能提出有助于改进产品的建议。看到自己的产品为别人的生活带来益处，也会激励团队继续创新。

如何造就英雄

尽管"英雄的旅程"所经历的步骤大抵相似，但塑造英雄所需的接触点并不相同。设计要传达每个象限内的确切信息，必须以个体为基础，尽管如此，人们还是要寻求一些基本的情愫（见第3章图3—4）。

基本象限（左下角）

在基本象限，"英雄的旅程"的实现依赖可靠性和一致性。需要在短时间内实现这些特性，因为购买的决定做得很快，通常受到价格的驱使。虽然该象限的很多物品都属于默认的选择（如清洁剂、家居用品等），但很小的变化就能产生不同的结果。触摸一下产品、试闻一下气味或看看样品就能增强消费者的拥有感和控制感，从而促使其购买。产品的益处应当体现在设计中，并在包装上显示出来。产品的优势要显而易见（例如污渍清洁器需要立即见效），因为日用商品比其他产品的体验时间更短。

在某种程度上，这是一块非常令人兴奋和充满挑战的区域，预示着大量的机遇，因为这类产品的需求量很大，竞争也很激烈，产品必须能够吸引大量的目标受众，需要在更加严苛的条件和场景下展现出性能。这一区域的产品创新较为困难，但也提供了重新整合市场的巨大商机。

艺术象限（左上角）

艺术象限内的英雄追求的是独一无二、与众不同的产品，并希望了解更多有关产品的微小细节。在这块区域，延长吸引阶段显得尤为重要。购买这类产品的顾客热衷于寻找例如产品的制作方法之类的信息、限量版产品的到货时间或者是巡回艺术展的抵达日程。

在艺术象限内，美学受到了极大的推崇——无论是对于产品、服务，还是用户体验。因为这些偏好都是非常主观的，所以需要充分的说明才能得到充分的欣赏。手工制作奶酪的酸味或喷砂玻璃模糊的外表在其制作过程和价值得到理解时会变得非常吸引人。独一无二的标志和可供夸耀的资本对提升这块区域产品设计的吸引力起着重要作用。

通用象限（右下角）

通用象限内的英雄们都是一些具有一定知识水平的消费者，因此必须通过一系列精心设计的活动和接触点才能让他们确信设计的功效。要设法让这块区域的消费者感到他们对产品的采用能表现出他们在某一领域是最富有经验和见识的群体。这一区域的英雄们大多数是医生、教师和技术人员，他们一般都在寻找最先进的产品。

要培养这一区域的英雄，产品的可靠性、耐用性和技术优势是必需的。职业运动员可能还需要与之配合的队员也能有效地使用该产品或服务，从而让他们集中精力，不必为队友分心。每种人群都有能使他们产生丰富和满意体验的兴趣点和接触点，以医疗设备为例，患者需要将自己的身家性命托付给它，需要对其完全的信任。更简单的例子是苹果商店为其员工和消费者提供高度交互的"苹果式体验"。

丰富象限（右上角）

丰富象限是由追求时尚的产品和象征身份与地位的个人体验构

成的，例如手表、汽车和旅行。当设计的目的是提高产品的质量、功能和效用，以创造丰富的、身临其境的体验时，可以被归入丰富象限的范围之内。例如，一个香奈儿的手包或一辆豪华轿车对于那些购买它们的人来说不仅仅代表了时尚和交通工具，它们蕴含了品牌与使用者之间的许多接触点和体验，能给予消费者对产品的拥有感和自我实现的意识。通常，丰富象限内的产品最受消费者推崇，这些产品正是消费者要买来奖励自己的。

用约瑟夫·坎贝尔的话来说："如果你想改变世界，那么你首先得改变你对世界的看法。"伟大的公司会坚持寻找改变游戏规则和创造价值的方法，它们也需要寻找能帮助其把产品推广到全世界的英雄和故事。

通过创造英雄来取胜

故事对于宣传设计优点起着至关重要的作用。当故事对我们的体验进行强化时，就会维持住设计的力量。每当纠结的情况出现时，人们就会分享自身的经历。这么多新式交流渠道的涌现也为公司的宣传带来了一些限制，因此对话的作用逐渐明显。很多购买决定都是受我们自己的欲望所引导的，这些欲望几乎和分享的欲望一样大。正如罗布·沃克所总结的："别人听到的最多不过是简单的过程，因为你讲的故事实际上是在讲给你自己听。"

把新概念引入市场的各个环节的每一步都必须考虑到英雄的重要性。通过你的产品和服务能培养出多少个英雄？你的经销商、供应商和其他合伙人有多大的优势？零售商对于销售你的产品或提供你的服务感到骄傲吗？谁会从同你公司的合作中获利？

情感投入是公司未来发展的一个关键指向。最终，心理美学不只是关于创造产品和用户体验的理论，它是创造勇敢的传播者的一套方法。设计的目的在于将消费者变为故事讲述者，这样才能真正实现并巩固情感联系。

英雄的旅程和病毒链

过去，公司只是把焦点集中在口口相传的常识和黄金法则的重要性上。然而如今，科学能够为旨在创造联系和共同体的商业操作提供定量分析案例。让我们来看看英雄在日常交往中的力量：情绪在社交网络上随处可见。一项在20多年里跟踪了约5 000个人的研究发现，快乐可以通过社交网络来传播。如果一个生活在一堆好朋友当中的人更快乐，那么这个人的好朋友也会变得更快乐的可能性会提高15%。也有一些证据显示，一个人的情绪不仅能影响他的朋友，还能够影响到他朋友的朋友。令人遗憾的是，发现这一关系的哈佛大学克里斯塔克斯博士（Dr. Christakis）还发现，对于肥胖也有类似的一组关系。

口口相传是最有效的营销手段。对于朋友和家人推荐的人，营销人员通常都会提供一些优惠或折扣。积极的口头宣传与预期业绩之间的明确关系还很难论证，然而，衡量人们向他人推荐业务的可能性的"净推荐值"现在已经和公司未来的发展联系起来了。贝恩（Bain）公司的分析表明，平均来说，自己公司的净推荐值超出对手12个百分点，能使公司的利润加倍。这里提供一些顶尖公司的净推荐值：美国好市多连锁仓储量贩店79%，亚马逊73%，西南航空51%。

社交网络的力量。毫无疑问，微博、博客上的顾客评价能促进对产品的采用，也能导致对产品的放弃。然而，网络的影响力包括重复的内容。当公司试图在推特上跟踪顾客活动时，推特上已经有了50多亿条信息。有人估计，谷歌每天收到的查询请求有20多亿条，而脸谱网站声称每天会新增多达70万用户。所以，即使将所有计算上的重复考虑进去，所得出的数字也是惊人的。

通过创造英雄，企业能够对营销进行补充，推动对现有产品和创新产品的需求，从而提高销售额。企业的响应速度越快，市场份额就会越大，全球化的步伐也会越快。

第8章 回馈消费者

整合

  KOR洁具公司总裁埃里克·巴恩斯从商之前,他的妻子斯泰西(Stacy)告诉他,跑步时拿着装满水的佳得乐饮料瓶实在不是个好习惯。"那就是个细菌大本营,"她提醒他,"你也不经常清洗,真是恶心。"巴恩斯很快上网查了斯泰西的说法,对细菌产生的速度感到震惊。他迫切地想找到替代品,于是去了几家体育用品商店,可是都没能找到满意的可以循环使用的杯子,最后悻悻地空手而归。那些店里卖的杯子要么太轻太薄,要么是野营探险用品,都不适合日常使用。巴恩斯之前也从来不买瓶装水,他想到大部分空瓶都不回收,会给环境带来不良的影响,感到很不舒服。

  在普林斯顿勤工俭学时参与创业项目的经历,很自然地使巴恩斯开始思考他面临的难题是否会带来商机。他一直在阅读迈思德(Method)等公司的资料,这些公司通过设计,重塑了一批家居类大众消费品的形象。他脑中灵光一闪:如果能设计出一款美观实用的循环用水杯会怎么样?当他和朋友保罗·沙斯塔克(一名微软主管)讨论这个想法时,沙斯塔克也立刻激动起来。他们知道一定有人像他们一样,如果有更好的选择,为了环境,愿意多花点钱。

  巴恩斯和沙斯塔克继续研究水杯的市场潜力,制定了一份商业计划。当考虑在实际设计上与谁合作时,他们瞄准了《商业周刊》最新一期的最佳产品设计特辑。这一期的杂志封面是一把绿色RKS

霓虹灯吉他，刚刚获得国际杰出设计大奖（IDEA）。巴恩斯和沙斯塔克联系了设计这把吉他的公司。这是双方的第一次接触，而他们之间的合作一直延续至今。KOR Water 公司自成立以来一直在发展壮大。

绿化环境

巴恩斯和沙斯塔克从很多方面举例研究了创新给不同规模公司所带来的变化。他们逐渐发现企业家和决策者会优先考虑三个问题：

● 可持续发展——绿色运动已经深入人心，绿色理念已经渗透到各行各业。2007 年，有 86% 的标准普尔 500 强公司有宣传自己实现可持续发展的网站，一些大公司还开始制作专门的可持续发展报告。可持续发展是大部分新产品开发的必要条件，许多功能和服务都需要重新设计以迎合新标准和逐渐变化的消费者心理。将可持续发展纳入考虑范围会比较复杂，因为无论是公司还是消费者的标准都在不断发展变化之中。

● 设计——鉴于市场提供的选择过多，设计已成为使产品脱颖而出的主要手段。消费者从来没有像现在这样寻求设计精良、有吸引力的产品，而他们也真有许多不同价位区间的选择。设计的作用正日益明显。根据英国设计理事会的一项调查，有 16% 的企业表示设计在公司成功因素中占主要地位。在新兴和成长型企业中，这个比例达到了 47%。

● 消费者行为——尽管人口统计研究和消费者调查在将来依然非常重要，但企业决策越来越受到消费者实际行为方面数据的影响，而不是消费者收入方面的数据。现在，直接的消费者研究能够通过访问网站和博客来完成，这样可以以较低的成本分析消费者的态度和最原始的反馈。调研机构可以更快更准确地发现创新的理由和障碍。

当巴恩斯和沙斯塔克筹划他们的最初战略时，他们将其描述为

"完美风暴"——一个设计起着重要作用的市场,这个市场的潜在目标客户不断积聚着对瓶装水的反感,对许多水杯含有的有害化学物质双酚基丙烷(BPA)越来越担忧。通过自身的经历和研究,他们知道这些因素正在慢慢聚集,形成新的市场机会。

从心理美学的角度看,KOR 公司面临的挑战是一次"完美的机遇":这是一次观察行为、设计和可持续性融合在一起的机会,也是质疑有关市场、消费者和创新概念的一些假设的机会。KOR 创始人持有的有限资金预算是对在重压之下这些机会的价值的检验,同时这也是展示个人能够对地球面临的"恶劣问题"施加影响的机会。设计能够推动有利于地球环境和公司股东的创新和变革,这是一次起草和重写规则的机会。设计可以不只创造产品,还创造一家公司或一场运动吗?

搭建对话平台

巴恩斯和沙斯塔克有着在大公司为新产品研发的实际经验,很熟悉新项目的战略制定、财务分析及市场定位。除此之外,他们对涉及用户界面开发的新兴技术也很了解,对设计有着天然的兴趣,对清晰明确的使命也有热情。

巴恩斯和沙斯塔克对项目进行了有效的市场调研。巴恩斯对他感兴趣的细分市场有明确的想法,而沙斯塔克在微软工作时了解了分析目标受众的方法和许多战略性理论框架。同时,他们还对心理美学的优点非常清楚:

> 当你和我们一样充满激情的时候,你需要心理美学的指导。要有人对你的想法提出质疑,为你做出客观的评价。尽管我们研究了许多受到追捧的品牌,但是你必须要超越"苹果——伟大,摩托罗拉——错失良机"这样的认识。你真的必须要理解这都是为什么——从消费者的角度。把所有事物简单地排列在

一起，就可以得出一些结论，因为这样可以从复杂的世界中理出头绪。在这个过程中我们和设计团队形成了融洽的关系。我们有了明确的指导思想，更重要的是，当有人加入团队后，将我们的指导思想传达给他们会很简单。

如果你的公司是个新公司，正努力吸引投资者和公众的注意力，那么太多的语言文字反而会起反作用。把事情搞得太复杂是要付出代价的，代价就是你最终会被忽视。而如果你能简简单单地展示一张超过100万个废弃矿泉水瓶的图片，你的理念很快就能准确传达出去。

通过对产品和目标受众的分析，KOR创始人和RKS设计团队意识到可循环使用水杯的巨大潜在市场。经过激烈的争辩和讨论，最终确定了KOR品牌的三个特征——健康、可持续发展和设计。这些特点解释了"完美风暴"的所有元素，为开发和设计流程提供了参照标准。这些特征也可以成为衡量战略、原材料、品牌、供应商和商业伙伴的标准。

描绘未来

对KOR来说，描绘未来的发展蓝图需要跳出行业范畴寻找灵感。他们仔细研究了高端酒和香水，探究瓶身如何承载了高品质和个性的形象。"我们在许多地方花费了大量时间，从葡萄酒专卖店到丝芙兰（Sephora）品牌店（大型化妆品超市），观察香水瓶，研究工艺技巧如何发挥作用……在饮用水市场，我们发现的唯一著名的品牌是芙丝水（Voss），但它是一次性瓶身。"芙丝水清晰地将时尚引入瓶身的审美中，给消费者一种奢华的感觉。

前路上的不确定因素有很多，但创业者有些事情可以肯定："我们确定想在某个方面创新，否则意义何在呢？我们真的希望在设计方面有大惊喜，尽管现在还不确定会是什么惊喜。"巴恩斯坚持瓶身必须能够单手操作，以方便运动中使用，同时追求更健康的生活方式。这几点都是不容妥协的。它的外观看起来要很吸引人，打造高档水杯的品牌。

虽然目标明确，但是如何实现却不清晰。设计很重要，但是随着健康和可持续性两个因素的加入，新种类、品牌特色和创新动机也需要研究，以确定消费者会在哪些方面感兴趣。一个环保支持者可能在评估了各项因素后转到其他品牌上了。因此，达到三个特点的平衡非常重要。"过度设计"会使产品流于形式，而只考虑环保性可能又太主观，健康固然重要，但是许多水杯已经在健身和体育爱好者中广泛使用很久了，要打入这个细分市场难度很大。

随着项目的推进，KOR 公司和 RKS 公司对饮用水产生了越来越大的兴趣，但是它们有充分的理由把重点放在水杯上，因为已经有许多规模大、资金足的公司在研究和解决饮用水安全问题，它们在这方面已经不会有太大作为了。但是，它们可以把饮用水消费变成一种全新的体验，制造一个提高健康水平和环保意识的新市场。通过设计来推动应用非常重要，因为创始人想要传达这样的信息："我们希望 KOR 品牌和乐观相关联，而不是罪恶感。我们力求产品能最大限度地保护环境，但如果有人仅仅因为喜欢它的样子而购买的话，对我们来说也不错，因为结果一样可以使垃圾处理厂的一次性矿泉水瓶少很多。"

为消费者赋予个性

刚开始的时候，创业者们想拿下一个有所了解的目标市场：和他们相似的群体。回忆起对水杯市场最初的感觉，巴恩斯和沙斯塔克说："如果你是那种穿着凯尼斯·柯尔（Kenneth Cole）鞋，拎着蔻驰（Coach）包，用着黑莓的人会是怎样的情形？我们将他们称作'数字文人'，他们追求都市化、国际化，对新事物、新技术、新装备感兴趣，收入稳定，事业顺利。但没有与他们相适合的产品……

如果他们中的一个人走进会议室，背个双肩包总是不得体……"

除了数字文人，KOR 还将其他一些群体列入目标客户范围，包括机械师，因为他们喜欢锻炼身体，主要在健身房锻炼，随身带水；母亲，传统上一直是家庭的健康管理员；还有一部分是追求"有意义消费"的人群，他们可能会驾驶混合动力汽车，即使买得起豪华汽车，这些人会因为认同产品价值而选择如巴塔哥尼亚（Patagonia）之类价格昂贵的品牌。

确定潜在购买客户、熟悉他们日常生活的场景可以对初期关于目标客户的假设进行检验，使目标群体的个性得到精炼和扩充。起初 KOR 对目标消费者的设定是高收入群体，但是经过进一步研究和论证，发现他们所关注的问题会吸引更广泛的人群，于是目标消费者的范围在收入、年龄和职业等领域都有所扩展。

可以肯定的是，KOR 所产生的最大影响，无论是在市场占有率方面还是保护环境方面，都体现为说服正在使用瓶装水的消费者转而使用可循环水杯。已经在使用其他品牌水杯的消费者转向 KOR 的可能性要小得多，不在重点考虑范围之内。研究显示，购买瓶装水和使用可循环水杯的人群比例为 50∶1。作为一个小公司，专注于那些追求意义消费和享受精巧设计的消费者是非常必要的。正如巴恩斯所总结的："人们想要做得更好，他们也愿意付出更多……"

要解决的环保问题有很大难度，因为顾客和绿色运动本身都存在复杂性。相关标准不断变化，例如碳排放量的可接受范围。但可以肯定的是，可持续发展已经不再是一个可以忽视的边缘问题了。成堆的矿泉水瓶到处都是，增加了回收的成本，公众对瓶装水的反对情绪开始聚集，爆发是迟早的事。关注环境问题的消费者似乎要把减排、重复使用、循环利用的环保理念运用到所有的购买行为中，即使没有这方面诉求的人们也受到了环保消费者的感召。可以从许多商品评论中发现这一点，看看亚马逊网站上对玉兰油 14 天新生塑颜精华液的评价，这是一款包含 14 个独立小包装的面霜产品。喜爱这款产品的消费者这样说:"我想打5分,可是这款产品和其他玉兰油产品一样包装过度。当今大多数生产商已经意识到这种做法不能让人接受,可是……"另一位消费者认同对这款产品的赞美,打了5星,但也承认了其他评价关心的问题,他说:"今后我会多从别处做循环利用来赎罪。"

使情况更复杂的是,环保特性吸引许多人的同时也因为混乱的市场宣传以及充满负罪感的同龄人之间的互动而让很多人对其敬而远之。KOR一再解释其设计中的环保考虑:"我们想让消费者知道——嗨,我们并不完美,没有人是完美的。我们和你们一起在忏悔室里,努力找出答案——我们喜欢什么,什么对这个星球好。不会有人对你选择这款水杯的原因说三道四,我们没有普遍适用的理由……"为了提高产品吸引力,必须锁定环保人士和重视健康的人群。随着品牌知名度的增加,对名人和高端时尚的强调程度也会减弱。

把握机遇

人们越来越意识到瓶装水会对环境造成严重污染,因此可循环使用的水壶开始兴起,各路商家风起云涌,导致水壶市场鱼龙混杂,甚至出现了一些仿造希格(SIGG)等大品牌的假冒伪劣产品。同时,个性化的产品和设计(从红酒等其他类别产品上借鉴过来的)也开始流行起来。此前,瓶装水生产商已经成功地将水合作用与健康之间的联系植入消费者的心中,那些排斥一次性水瓶的人也希望健康饮水。

当设计团队从目标受众的个性特征中提取出关键的共同点后,发现他们对水的看法非常重要。玻璃制品对于日常使用并不是一个很好的选择,但便于使用的普通塑料杯或塑料瓶则无法传递出好的质感。看到水装在好的容器里也能强化水资源宝贵的观念,就像好的红酒瓶象征着好的酿造工艺一样,能提升享用红酒的满足感。设计团队开始寻找方法让塑料瓶也能产生牢固和高雅的观感。

正是健康这一关键因素为设计团队提供了一扇通往目标的窗口。通过浏览各种网站和聊天室，巴恩斯和沙斯塔克开始注意到消费者对于很多塑料制品中所含有的双酚基丙烷表示很担忧。沙斯塔克说："尽管只在我们经常访问的网站上偶尔看到一两篇有关这个问题的帖子，但当我们开始将这些文章收集起来时，便会发现人们对此已经是怨声载道、深恶痛绝了，而且还附了一份相关科学研究发现的链接……我们意识到这种负面影响会进一步扩大，必须尽早采取行动……于是，我们马上将攻坚的难点转向聚碳酸酯的替代物。"尽管有关双酚基丙烷有害身体健康的证据在当时还有很大的争议，但担忧是确实存在的。设计团队开始寻找一种不含双酚基丙烷的塑料，然而，在当时尚未发现具有相同性能的替代物。

依靠先前 RKS 吉他项目与伊士曼公司建立的稳固关系，设计团队较早地收到了一条可靠的消息，确认伊士曼正在研究一种不含双酚基丙烷的新材料。尽管设计团队还在继续调研、探讨诸多细节，但等待新材料的出现无疑是个更简单的决策。材料选择关乎维护 KOR 公司过去一直秉承的核心价值体系。随着公众对双酚基丙烷的担忧逐渐升级，对其替代物的呼唤为 KOR 创造了一个绝佳的机会。有关双酚基丙烷的新闻以及对这种物质使用的限制在 2008 年 5、6 月达到了一种临界状态，就在那个时候，不含双酚基丙烷的可循环使用水壶 KOR ONE 千呼万唤始出来。

完成设计过程

最初巴恩斯对于设计的重要性还不是很明确，他后来说："我们知道，如果我们可以充分地考虑应该如何利用设计，那么我们将能够与更大的公司竞争，因为那是我们制胜的法宝。"设计团队已经深受他们的目标和创业者的激励。在完成了紧张的心理美学方面的工作后，他们在三个月内就完成了整体形状和样式的设计。椭圆的外形使得水壶比传统的圆形水杯更容易携带，而且还可以从上面拎着它。它的美学设计与市面上现有的户外产品的感觉完全不同，设计团队对于它能够成为一种标志性商品非常有信心。无论是在会议室、瑜伽馆，还是城市中的各种场所，使用 KOR 的水壶都会感到非常自在。这一点是在预料之外的，但也是设计团队梦寐以求的效果。巴恩斯希望这种水壶能像艾龙（Aeron）办公椅一样，虽然刚开始让消费者产生分化，但最终会因为受到设计师和建筑师的欢迎而被公众广泛接受。尽管设计团队对这个设计目前的方向感到满意，但还是有很多地方可以完善。

KOR ONE 水壶（见图 8—1）的各个设计元素包括：

图 8—1 第一个 KOR ONE 水壶

● 瓶盖——水壶的瓶盖被设计成能用一只手轻易地打开，盖上后即使放倒也不会漏水。

● 共聚酯材料——伊士曼公司研制的不含双酚基丙烷的共聚酯材料成为传统材料的一种安全、耐用的替代品。它还具有类似于玻璃的更高透明度。

● 广口——更宽的开口使水壶方便从水龙头接水。它很容易塞进整块的小方冰块，不论大口喝水还是小口吮吸都很方便。

● 椭圆的外形/顶部的手持装置——这些设计能够让水很好地展

现，并便于携带和握住水壶。

● 回收——为了贯彻可持续性的环保理念，KOR公司提出了一项永久政策：当水壶无法再使用了，公司将把这些水壶回收起来，进行适当的再利用。

● KOR纪念石印——瓶盖上留出一块地方，可以刻上一段鼓舞人心的话，这也是一种让水杯更加个性化的方式。

创造一种能够单手操控，且瓶盖与瓶身连在一起的水壶需要尝试十多种不同的方案。其实，那种旋进式瓶盖很早之前就可以生产了，但那样没有什么创新性可言。设计团队深知，要想达到他们所追求的情感联系，他们必须为目标受众提供更好的产品体验。他们还知道，单手开瓶的方式将有助于创造这种联系。

随着瓶盖的问题得到解决，有关外观和水壶整体感觉的一些想法也开始浮现出来，也到了再次考虑目标受众和先前确定的主要吸引对象的时候了。在设计工作进行的过程中，设计团队开始意识到，一些附加的因素可能会让水壶显得华而不实，以致限制了受众的范围。

巴恩斯在决定KOR的第一件产品何时上市时，也从神话中得到了一些灵感："有些时候，你也不想成为飞得太靠近太阳的伊卡洛斯（伊卡洛斯是希腊神话人物，使用蜡和羽毛造的翅膀逃离克里特岛时，因为飞得太高，阳光晒化了双翼上的蜡，坠落水中丧生）。要实现更远的目标会有很多挑战，需要做出许多权衡。作为一家新成立的公司，要坚信你会拿出一个伟大的产品，但你也还会获得第二次机会。消费者不需要知道你所想的每一件事，他们只需要看到一个鼓舞人心的产品。如果还有其他的想法，你可以把它们揣在你的衣袋里。"

情感参与

KOR设计背后的灵感包含创造一个对设计非常钟爱并对环境和

健康非常关注的群体。公司的创立者看到在 2004 年的夏季奥运会上，出现了一些不同种族和不同年龄的人，他们手上都戴着印有"坚强活着"（LIVE STRONG）的手带，为这项盛事欢呼呐喊。于是，设计团队也希望自己的产品能够孕育出一个新的使用人群。

当 KOR 公司寻找能够生产出符合其环保、道德和透明标准的制造商时，汇集而来的需求浪潮（对于一次性瓶装水的抵制、市场上新兴的设计理念和有关双酚基丙烷的争议）也在持续上涨。随后，在 2008 年春末，对于双酚基丙烷的争论达到了一个临界点。加拿大禁止在婴儿用品中使用含双酚基丙烷的塑料，有些城市则完全禁止了双酚基丙烷的使用。KOR 公司作为业界的主要参与者，开始使用共聚酯材料生产水壶。设计团队距离目标的实现是如此地接近，但工业生产上的问题所导致的产品推出的延迟又令人沮丧，这是令人崩溃的时刻。尽管 KOR 水壶没能成为第一个不含双酚基丙烷的可循环使用水壶，但它的竞争者也没能提供同时具备独特设计、保证健康和可持续性的产品。

然而，KOR 公司遇到了一个它没能预料到的障碍。正如很多小企业一样，设计和研制过程中的预算外支出掏空了它的资金库，没有多余的钱用来做市场营销了。尽管它之前已经建了一个宣传网站，但访问量不高。

幸运的是，RKS 团队最近验证了"英雄的旅程"可以成功运用在营销战略上。早些时候，RKS 在一次发布会上很谨慎地、有针对性地发布了 Mimique 手机概念（第一批为谷歌安卓系统设计的几个概念中的一个），这个手机概念迅速走红网络。RKS 团队知道他们能够让 KOR ONE 水壶也引起同样的关注度，因为这个产品在设计上很能产生情感上的共鸣，有一组精彩的宣传照（由伊士曼的本·道迪（Ben Dowdy）和卡拉·奥尔森（Carla Olson）所拍），而且它还拥有抓住"完美风暴"的能力。

当 KOR 和伊士曼看到由 Mimique 手机概念的发布所产生的良

好效果后，它们同意 RKS 公司牵头做 KOR ONE 水壶的宣传工作。RKS 选择了一些博客，在上面发表关于新产品特性的博文，以保证它们所有的目标受众都能看到这些文章。设计团队还与 KOR 公司决定，将有关巴恩斯和沙斯塔克最初构想和灵感的网站也纳入宣传范围。

RKS 精心设计了发布会，以保证设计时考虑到的情感联系点都得到充分的展示。6 月中旬，有关 KOR ONE 水合作用水壶的消息正式发布，市场迅速做出了反应，产品信息迅速占据各大门户网站的头条。结果远远超出了预期，KOR 很快发现订货量已经超出了它第一年的生产能力。

随后，许多知名报纸和杂志都持续刊登了 KOR ONE 新水壶上市的消息，哥伦比亚广播公司的《早间秀》节目和美国广播公司的《早安，美国》节目也对这款新产品进行了报道。在几十个 2008 礼品购买指南中，都能看到 KOR ONE 水壶的醒目图片，它还登上了知名畅销商品榜。KOR ONE 水壶确实与消费者建立了一种联系，个人博客用户很快开始转发这个商品的信息，并不断点赞。亚马逊上的视频和评论显示，买家也在广泛传播有关 KOR ONE 水壶的新闻。虽然新产品发布会的新闻稿仅仅发送给了几十家网站，但产品和大批消费者之间已经建立起了设计时设定的情感联系。

在最初成功发布的基础上，KOR 本来有条件专门聘请一个公关公司来为它的产品做进一步的推广，但此时它已经不需要在广告上花费任何费用了，因为 KOR ONE 水壶已经引起了众多消费者的极大兴趣。现在它什么都不需要做了，支持者已经为它做了很好的宣传（见图 8—2）。

KOR 的创建者和设计团队从消费者的反馈中获得了极大的满足感，这些消费者还包括那些他们之前没有想到真的会成为消费者的一些人。作为一家年轻的公司，创立者们曾考虑过如何结合顶级时尚、如何聘请名人代言以提高知名度和曝光度。然而紧张的预算没

图 8—2　关于 KOR ONE 水壶的博文

能让他们进行大张旗鼓的宣传，但草根们发起了一场基于共同价值观的运动。产品评论者表示，人们对 KOR ONE 水壶的感觉是一见钟情、相见恨晚。正如一位读者在博客里评论道：

> 我罪恶的消费心理说："必须拥有它。"我的身体说："需要它。"我的环保意识也说："地球希望我拥有它。"……25～30 美元？买了吧。

回馈消费者

活下去才能拯救世界。

——约瑟夫·坎贝尔

更好的我，更好的世界。

——KOR

"英雄的旅程"的最后一步就是英雄回到他之前离开的世界，和族人分享曲折的经历和所见所闻。对于消费者来说，与他人分享自己非凡的经验也有同样的效果，它可以强化消费者与产品之间的情感联系，形成病毒式传播。如今，全球用水危机加剧，越来越多的名人和普通人加入到保护水资源的行列中来。如太阳剧团的创始人盖·拉利伯特（Guy Laliberté），他是首批民间太空旅行者之一，长期致力于提高人们对全球用水危机的意识。水资源短缺和用水安全这个曾经只属于发展中国家的问题，如今已成为全球关注的普遍问题。

KOR 设计的水壶得到了广泛的认可，这就为全球水资源的保护作出了积极的贡献。在第一款 KOR ONE 水壶成功发布后，公司又推出了另外三种颜色的产品，同时发起了保护水资源的行动倡议，该行动共分为四个主题，购买不同颜色的水壶表示支持特定的主题（见图 8—3）。KOR Water 的成功之处不仅仅在于通过设计拉动了一个能赚钱、但不景气的产业，它还创造了一种将消费者利益、公司利润和环境保护全部纳入考虑范围的商业模式。

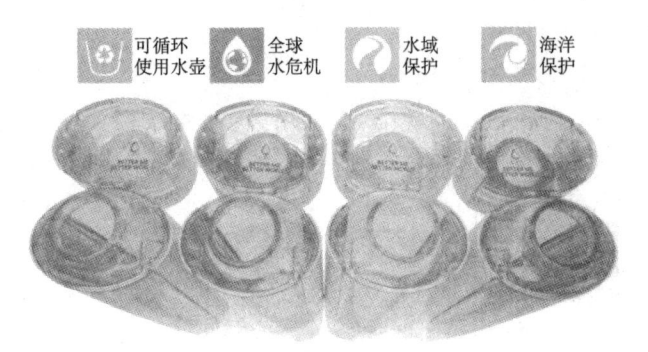

图 8—3　KOR ONE 发起的保护水资源行动

KOR 制造出来的病毒式蔓延的需求使零售商纷纷要求代理销售这种水壶，公司雇用了一批精明能干的销售代表以满足零售商的需求。根据消费者的反馈信息和更新心理美学图示以显示市场变化，公司也在不断研发新产品。

这一系列成功的核心在于对消费者的深入了解，对消费者情感的挖掘和激励。要做到这一点，需要准确刻画消费者，准确把握目标群体的个性特点，不是表面上的一般特征，而是企业和消费者共同具有的价值。整个设计过程始终要把消费者当做"英雄"来看待。

将重点放在情感上的战略需要进行一定程度的调整，因为公司的成功可能非常脆弱，所以这些调整一定是值得的。通过设计和体验在消费者与产品之间建立的情感联系对所有利益相关方都有益处，可以为他们提供一些改进的灵感。KOR 的成功经验说明，任何商业上的成功都源于不懈的坚持、冒险精神和合适的设计，最后一点越来越重要。

纵观整个过程，情感因素——无论是对于材料的选择、产品的发布，还是设计本身——使决策者选择了与传统的战略和财务分析的建议相反的方向。如果没有系统地分析消费者的需求和愿望，则无法做出同样的决定，尤其是在压力之下。当企业想要冒险进入新的领域和市场时，试图改变行业规则时，或者尝试解决曾被认为与业务无关的普遍存在的全球性问题时，情感就显得更加重要了。

学着发现消费者的需求和愿望（这本身是一个奇特的问题）并试着将它们系统地运用于商业中，可以让解决问题的思路和过程更加清晰。多年以来，用心理美学的方法为包括消费者在内的所有利益相关方服务帮助我们做出了许多重要创新和重大决策。你所知道的将帮助你起步，你需要做的将变得很明确。虽然创新的道路非常艰辛，但前途会越来越光明。更加优化的解决方案和新的消费者会随之而来，他们会分享你的感动，跟你一起讲述产品的故事。结果是神奇的，但过程却是可以预见的。

第二部分结论

"我给我最近的一张专辑取名为《26个字母，12个音符》，"音乐人戴夫·梅森解释说，"因为那是我们曾经拥有的全部——字母表中的26个字母和12个音符——至少在西方世界是这样的。但没有人会说今后不会再出现更好的书籍或更伟大的乐曲。"设计和革新的过程在于抓住目标受众的想象力，尽管设计也只是继续使用和其他玩家一样的积木。

精心规划出一个设计战略并不意味着下一步面对的将会是一片坦途。很有可能的情况是，竞争者也同时看到了市场上的缺口，开始朝着同一个方向进攻。此外，在市场上"获胜"有时不需要较多的预算、充裕的时间和阵容强大的管理团队，更有可能"获胜"的情况也许是公司因为感到运营状况正在衰退，或者不知道如何利用一个很有潜力的想法，这时，是设计大显神威的时刻。设计能帮助公司将它们所了解的和人们所需要的联系起来。将一个设计战略转变为商业上的成功，依靠的是保持对消费者在情感上的深刻洞察和在执行过程中的通力配合。要想从心理美学中获得最大的投资收益需要做到如下几点：

● 测试和更新。在项目的整个运作周期中都要考虑设计阶段所获得的有关产品和目标受众的信息。由于不同行业的研发时间不等，不同行业之间的情况差异可能会很大。因为概念是在机会领域中开发出来的，所以要把概念放回相应的象限中去检验和评估。这能让设计团队对于不同选择可能引发的状况有一个清晰的想法，从而降低模糊新概念造成的风险。将重点放在消费者身上可以指引设计及整个项目中需要做出的取舍。

在条件允许的情况下，可以让管理团队和执行团队参与到设计和研发中去，过多的概念、理念或战略的转手可能会导致设计与其他阶段脱节。

● 在每个阶段都创造出与故事的联系。如今，故事在创新过程的每一个步骤都起着一定的作用。对于执行人员来说，应该对所要完成的工作有清晰的认识，这样才能让设计的理念一脉相承。如今的消费者面临着众多的选择，他们在购买实际产品、服务和体验的同时，其实也是在为故事买账，为将来的分享资本买账。

当设计团队评估不同的解决方法时，必须与"英雄的旅程"及与之相关的故事联系起来。有些初衷很好、设计不错的想法最终没能成型，可能只是因为它们没有被理解。一个给定的方法能否产生预想的情感效果，这个问题必须回溯到有关美学、渠道和其他触点的每个决定，所有细节都关乎全局。

● 执行的重要性。无论是在大公司工作还是自己当老板，市场都要求以"快速而平稳"的节奏来提供产品和服务。伟大的设计需要通过可靠的质量和速度（通常是通过各种渠道）来呈现，否则情感上的联系则会成为一纸空谈。这也是为什么简洁原则和情感联系原则会成为如此有效的决策工具的原因。

● 为未来而设计。即使是最好的公司也会错失良机。消费者在不断地学习和进步，因此设计也必须着眼于未来。

现在，公司之间通过协作来彼此竞争和设计新产品。科尔·哈恩公司（Cole Haan shoes）将耐克的气垫技术运用到它的徒步鞋中，迪斯尼与苹果公司合作改造苹果商店，沃尔玛等大型折扣店也引入了有机农产品和无污染店铺设计，并整理了商品的布局，以营造出更加良好的购物体验。企业正在综合考虑战略、创新和设计上的问

第二部分结论

题,并经常寻求与跨行业的公司进行合作。

我们已经看到设计领域和消费者正在从产品转向服务和体验。企业和普通公民正在将注意力转向全球社会所面临的共同挑战——贫困和可持续发展问题。在我们积极面对这些挑战时,心理美学的原则变得更有价值。带来有意义的改变不仅要具备相应的资源和意图,更要有合适的工具。

帮助人们解决这些问题需要深入了解问题的根源,需要将碎片组合在一起,用想象力和观察力来理解问题的复杂性,来启发我们的思想,让我们得出可能的解决方案。不过正如马克·吐温所说的:"如果你的想象都是模糊不清的,那么你就不能相信你的眼睛。"心理美学工具本身不是最后的目的,而只是为了有效探寻新想法的一种途径,并不能取代工匠们的精湛技艺和工作热情。

在我们努力迎接更大的挑战时,什么时候结束这个艰难的判断变得越来越复杂。生产出一些好用的、能产生效益的产品并不意味着到了结束的时候。心理美学认为,此时还远远没有到达终点,它为我们提供了一个新的测试工具来评判我们的努力是否取得了成功。当我们能回答出这样一些问题时,我们才算成功。这些问题包括:我们在产品和消费者之间建立起情感联系了吗?消费者是否在和我们一起讲述我们的故事?尽管我们概括了整个过程,但从经验上来看,我们知道成功不仅仅是勇气的问题,也是方法的问题。我们衷心希望本书讲述的方法能鼓励并帮助更多的人取得成功。

后　记

　　重要的不是你对设计或体验的感觉，而是设计或体验使你如何看待你自己。

　　我们对理论核心的信仰指引着我们的创新和发现，我们知道应该为消费者带来怎样的设计。随着项目的推进，我们意识到客户在得到市场反馈后对我们的设计越来越有信心。我们的设计让客户了解了竞争者、消费者和市场机遇，让所有利益相关方都得到了实惠。

　　当然，每个客户所面对的市场挑战都是不同的。我们发现，使用心理美学工具能够让富有创造性和商业头脑的领导者之间的沟通更加顺畅，能够在整个设计过程中创造出一个快速的反馈回路。抓住情感联系就等于为创新持续提供动力，这股动力很快就能更加轻松地将对消费者的把握转化成商业战略和设计策略。随着时间的推移，我们逐渐将心理美学当做创新的催化剂，并掌握了运用这项工具解决一系列商业问题的方法。

　　最令人兴奋的进展是对设计本身的看法也在逐渐推进，人们逐渐将设计师视为创新和制定策略过程中有力的协作者。当我们回顾过去、展望未来时，我们会发现，从各个不同的层面去了解别人能够让我们创造出新的方法。相应地，我们也能看到设计是帮助我们和客户共同实现很多目标的有效工具，这些目标包括：

- 复兴品牌
- 创造新的产品、服务和环境

- 让我们的客户充满竞争力
- 设计和建造工厂、设计工作流程
- 孵化新公司
- 开发新的商业模式

我们希望心理美学能够提供一种思考和看待事物的新方法。在此，我们分享我们的基本理论，并将在迎接新挑战的过程中继续获取有关创新的新知识。我们将心理美学视为一个自我续存且永久扩展的工具，用于满足商业、社会变革和可持续发展的各种需求。希望现在我们已经将你带上了这趟旅程，我们一定能做出更好的设计、实现更好的业绩。

我们都已看到消费者不断增长的需求，因此所有的企业，无论大小，都必须重新评估各自创新和设计的方法。全球市场因地区差异呈现出迥然不同的特征，例如一家制药企业，在发达国家研制降低胆固醇的药物，而在发展中国家则生产预防疟疾的药品。如果从人口分布状况和收入差异情况来分析，市场差异将是巨大的。但如果只从消费者需求和欲望的角度出发，合乎逻辑的解决方案就容易给出。清洁的饮用水在肯尼亚的意义与有机牛奶在康涅狄格州的意义，在于两者都能将饮用的东西变成他们家庭健康的守护神。尽管这两个市场的现实状况并不一样，但用于了解个体的工具可以是同一个。今天的问题已不再是将同样的产品在全世界范围内推广，而是在全世界范围内创造同等程度的消费体验和自我肯定。

要想知道人们是在寻找生存的方法还是生命的意义，我们需要清楚地了解他们，我们不仅要能够跟他们说话，还要通过设计来为他们说话，清晰、无误地传递他们的想法。激发行为上的改变是相当复杂的一个过程——无论是在某个公司内部还是在整个市场中。不管我们希望发生怎样的改变，都必须从情感和互动入手，只有这样才能在通往创新的道路上有所收获。情感上的互动有助于将观察结果转变为可行的方案，有助于产品与更广的消费群体建立联系。

后　记

最终，我们就能创造出一个让所有个体都踏上"英雄的旅程"并找到他们自己想法的环境，在我们实现目标的同时也为别人带来福祉，不管这些福祉是企业层面的、社会层面的还是环境层面的。

如果想要加入我们的旅程并了解更多有关心理美学的知识，请访问 www.predictablemagic.com 网站。

Authorized translation from the English language edition, entitled Predictable Magic: Unleash the Power of Design Strategy to Transform Your Business, 1st Edition, 9780137023486 by Deepa Prahalad and Ravi Sawhney, published by Pearson Education, Inc., publishing as Wharton School Publishing, Copyright © 2011 by Pearson Education, Inc.

All rights reserved. No part of this book may be reproduced or transmitted in any form or by any means, electronic or mechanical, including photocopying, recording or by any information storage retrieval system, without permission from Pearson Education, Inc.

CHINESE SIMPLIFIED language edition published by PEARSON EDUCATION ASIA LTD., and CHINA RENMIN UNIVERSITY PRESS Copyright © 2014.

本书中文简体字版由培生教育出版公司授权中国人民大学出版社合作出版，未经出版者书面许可，不得以任何形式复制或抄袭本书的任何部分。

本书封面贴有Pearson Education（培生教育出版集团）激光防伪标签。无标签者不得销售。

图书在版编目（CIP）数据

设计的魔力：心理美学带来的商业奇迹/（美）普拉哈拉德（Prahalad, D.），（美）索奈（Sawhney, R.）著；刘倩倩等译．—北京：中国人民大学出版社，2014.6
ISBN 978-7-300-19493-6

Ⅰ.①设… Ⅱ.①普…②索…③刘… Ⅲ.①心理美学-影响-产品设计-研究 Ⅳ.①B83-069②TB472

中国版本图书馆CIP数据核字（2014）第123866号

设计的魔力

心理美学带来的商业奇迹

迪帕·普拉哈拉德　拉维·索奈　著
刘倩倩　韩芳　胡楚翘　何云朝　译
Sheji de Moli

出版发行	中国人民大学出版社		
社　　址	北京中关村大街31号	邮政编码	100080
电　　话	010-62511242（总编室）		010-62511770（质管部）
	010-82501766（邮购部）		010-62514148（门市部）
	010-62515195（发行公司）		010-62515275（盗版举报）
网　　址	http://www.crup.com.cn		
	http://www.ttrnet.com（人大教研网）		
经　　销	新华书店		
印　　刷	北京中印联印务有限公司		
规　　格	165 mm×240 mm　16开本	版　次	2014年7月第1版
印　　张	10	印　次	2014年7月第1次印刷
字　　数	121 000	定　价	35.00元

版权所有　侵权必究　印装差错　负责调换